Vinicius Rabello de Abreu Lima

Engenheiro Mecânico – Escola de Engenharia da UFRJ 1980
Engº Equipamentos Sênior da Petrobras
Auditor Líder ISO9001
Perito Judicial

TUBULAÇÃO APLICADA

NA INDÚSTRIA DE ÓLEO & GÁS

2ª EDIÇÃO

Série: TUBULAÇÃO

TUBULAÇÃO APLICADA NA INDÚSTRIA DE ÓLEO E GÁS

Copyright © 2019 by Vinicius Rabello de Abreu Lima

Todos os direitos reservados.

FICHA CATALOGRÁFICA

Lima, Vinicius Rabello de Abreu
TUBULAÇÃO APLICADA NA INDÚSTRIA DE ÓLEO E GÁS

ISBN: 9781675767122
Imprint: Independently published

DEDICATÓRIA

Dedico este livro aos meus netos Miguel Antonio, Rafael e Maria Teresa, que com a contagiante alegria e o carinho que trazem consigo, me motivam a continuar a compartilhar o que aprendi ao longo de minha vida profissional.

AGRADECIMENTOS

O setor da construção, inspeção e montagem em Caldeiraria e Tubulação tem por característica o envolvimento por completo do profissional, setor onde se trabalha em feriados, finais de semana, carnaval e outras tantas datas com o sacrifício da família, esposa e filhos e é para eles o meu primeiro agradecimento.

Agradecimentos são devidos aos profissionais que cruzaram o meu caminho ao longo desses anos, são eles, Mestres-Caldeireiros, Soldadores, Montadores Industriais, Inspetores, Ajudantes e todos os ex-colegas e amigos por sua influência nesta obra.

Nesta linha, gostaria de agradecer aos meus alunos e ex-alunos dos cursos de formação de Encanadores Industriais – ABEMI em Macaé, aos meus alunos e ex-alunos do curso de formação em Técnico de Soldagem do SENAI – CETEC de Solda, por suas questões em relação ao setor, questões a respeito do aprimoramento profissional e pessoal, que me levaram a colocar em forma de livro o que discutimos em sala de aula.

Não poderia deixar de agradecer a minha família pela compreensão e incentivo, aos meus pais pela formação que me proporcionaram, pelo incentivo aos estudos e pelas orientações recebidas ao longo desses anos.

Tubulação Aplicada na Indústria de Óleo e Gás

Sumário

Prefácio 6
Introdução 7
Tecnologia aplicada a Tubulação 10
Fabricação de Tubos 13
Tubos calandrados 25
Calandras 28
Determinação dos esforços na calandra 35
Fabricação de tubos por prensagem 41
Expansão Mecânica 48
Tubos de Condução 50
Tubos Poliméricos 60
Tubos de Produção e Revestimento 67
Conexões Roscadas - Tubos OCTG 72
Conexões Proprietárias 74
Qualificação de conexões 82
Testes de selabilidade para cada configuração de tubo 93
Introdução à Metalurgia 96
Particularidades dos aços 102
Processos De Soldagem 120
Tabelas 132
Pressão – Conversão de Medidas 133

Prefácio

O mercado atual da indústria da Construção Naval e Mecânica, voltado para o setor de Óleo e Gás está exigindo dos profissionais, que já militam no setor e daqueles que pretendem ingressar neste mercado de trabalho, um constante aperfeiçoamento, obtendo uma formação mais específica, a fim de conseguir melhores resultados.

Desde a queda do preço do barril de petróleo nos idos de 2015, o setor de Óleo e Gás, vem passando por um processo de ajustes em toda a sua cadeia produtiva.

Em função do reflexo desses ajustes no mercado de trabalho, a exigência de uma maior capacitação profissional e por conseguinte uma ampliação do leque de competências exigidas aos profissionais, indicam que o mercado está mais seletivo, e que a constante melhoria no processo de educação, seja um alvo a ser perseguido por todos os profissionais que desejam permanecer ou ingressar neste setor.

Introdução

Aplicação e Cenários no transporte da produção offshore

O transporte de óleo e gás produzidos em poços situados no mar é feito por intermédio de um sistema complexo de tubulações, trazendo a produção dos poços de petróleo até a Unidade de Exploração e Produção offshore, para em seguida ser transportada para as Unidades de Processamento em terra e só então aos consumidores.

Neste transporte utilizamos dutos de diversas metalurgias com os mais variados diâmetros e espessuras, cuja variação em diâmetro se situa na faixa de 12 polegadas a 60 polegadas, fabricados com materiais adequados ao produto transportado, oriundo de poços com diferentes profundidades e condições de produção.

A instalação destes dutos no leito marinho se dá por intermédio de navios lançadores ou balsas construídas para este fim específico.

A viabilidade econômica para a exploração econômica de um poço, leva em consideração itens relevantes, tais como, a confiabilidade na longevidade da tubulação e o custo de lançamento destes dutos.

O cenário atual de Exploração e Produção de petróleo no Brasil, focada principalmente na produção em alto mar, chamadas de instalações Offshore, vem exigindo desafios cada vez maiores das indústrias nacionais e estrangeiras, em especial para a produção de dutos submarinos.

A combinação da característica ácida do óleo extraído na costa brasileira no PRESAL aliado com as grandes profundidades em que se encontra, aponta para um cenário desafiador para os fabricantes de dutos, independentemente do processo de fabricação, bem como, para as siderúrgicas fornecedoras de chapas grossas.

Não obstante aos desafios citados, temos as condições ambientais a que estes dutos são submetidos, os esforços inerentes ao processo de lançamento e os esforços oriundos da própria operação e eventuais acidentes ao longo da vida útil da tubulação.

Dentre os métodos de lançamento, destacamos os processos J-LAY, REEL-LAY e S-LAY, que são utilizados em função da profundidade de lançamento, do diâmetro do duto e dos esforços a que os dutos estarão submetidos durante o processo de lançamento.

O método REEL-LAY é o que promove os maiores esforços de lançamento, devido as grandes deformações plásticas produzidas pelo enrolamento do duto no carretel, ocasionando um encruamento no material e a redução de espessura do duto. O grau de encruamento do material, tem implicações na capacidade de resistência à fadiga e ao colapso dos dutos.

Outra característica de projeto importante a que estes dutos devem atender é a resistência ao colapso, que é função direta do limite de escoamento, da geometria do duto (ovalização), processo de fabricação.

A utilização de materiais com elevadas propriedades mecânicas traz como implicação fatores econômicos e tecnológicos, que uma vez equacionados proporcionarão economicidade ao projeto de exploração em águas ultraprofundas, bem como, a viabilidade técnica da produção em profundidades até 3000m de lâmina d`água.

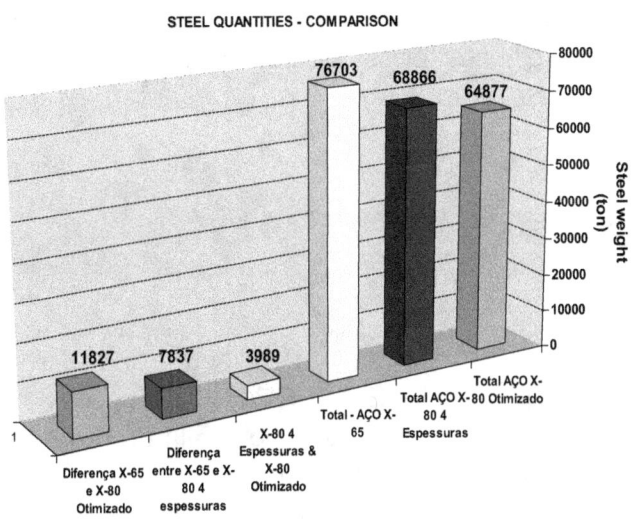

Figura 1- Estudo baseado na DNVGL -ST-F101

A figura acima, retrata um estudo suportado pelo código de projeto DNVGL-ST-F101, que em função das características citadas, vem propor através de estudos e ensaios de laboratório, uma metodologia para o desenvolvimento de dutos em aços carbono microligados de alta resistência mecânica e alta resistência à corrosão, especificados como DNV 485 SFP (API 5L PSL2, grau X70) e DNV 555 SFP (API 5L PSL2, grau X80).

Tecnologia aplicada a Tubulação

Define-se como tubulação o conjunto de tubos, conexões, válvulas e acessórios utilizados para transportar fluidos de qualquer natureza.

Características

Os tubos podem ser metálicos, onde se dividem em FERROSOS e NÃO FERROSOS e os não metálicos, desenvolvidos ou fabricados por polímeros de alta densidade e os fabricados em fibra de vidro.

Os tubos metálicos ferrosos podem ser fabricados em aço-carbono, aço-liga ou em aço inoxidável ou resistente à corrosão.

Em relação ao processo, os tubos podem ser sem costura ou com costura, isto é, soldados, podendo esta solda ser longitudinal ou em espiral.

Os tubos são caracterizados pelo seu diâmetro e pela sua espessura (Schedule) e são classificados quanto:

- Ao emprego
- Ao fluido conduzido

Quanto ao emprego:

- Tubulações de processo

    Conduzem o fluido básico da planta industrial
    Ex.: Derivados de petróleo, produtos químicos, etc.

- Tubulações de utilidades

    Conduzem o fluido auxiliar no processo básico da produção da planta
    Ex.: Ar comprimido, vapor, rede de combate a incêndio.

- Tubulações de instrumentação

    São tubulações destinadas ao transporte de sinais para os instrumentos e equipamentos.

Quanto ao fluido conduzido

Os tubos podem ser utilizados no transporte de:

- Óleos: Gasolina, Diesel, óleos diversos
- Gases: Oxigênio, Gás natural, etc.
- Água
- Vapor
- Ar comprimido
- Esgotos sanitários
- Esgoto industrial

- Drenagem

Processos de Fabricação de Tubos

Os tubos utilizados na fabricação de Caldeiras, Trocadores de calor ou para transporte de hidrocarbonetos, podem ser fabricados pelos processos de LAMINAÇÃO, EXTRUSÃO ou SOLDAGEM.

Os tubos fabricados por processo de soldagem são largamente utilizados na indústria de forma geral, atingindo grandes diâmetros e espessuras.

Geralmente, os tubos são fabricados pelos processos de soldagem SAW, ERW em tubos com costura longitudinal e GMAW+SAW para tubos em solda em espiral.

Os tubos de condução de hidrocarbonetos, em geral, são projetados de acordo com a norma internacional API 5L, ASME B 31.3, ASME 31.4 e ASME B31.8 dependendo do projeto em questão.

Os tubos devem passar por ensaios não destrutivos, tais como, teste hidrostático e ensaios por ultrassom ou radiografia, e destrutivos, conforme a norma de fabricação e projeto.

Fabricação de Tubos

O tubo é o elemento estrutural mais utilizado para o transporte de fluídos e materiais a granel em geral. São utilizados para o transporte de água, esgoto, de combustíveis, e gás, de minério de ferro, por exemplo.

Os tubos podem ser fabricados por uma grande variedade de processos, porém, devemos observar que cada processo tem a sua limitação ou aplicação característica, por isso, abordaremos os processos mais usados na fabricação de tubos.

Os tubos podem ser fabricados tendo como matéria prima os materiais metálicos ferrosos, metálicos não-ferrosos e os não-metálicos.

Em relação aos processos de fabricação destacamos os processos de laminação, prensagem e calandragem como os mais utilizados, para tubos fabricados com materiais metálicos ferrosos.

Na fabricação de tubos usando materiais metálicos não ferrosos destacamos os processos de laminação, soldagem e a extrusão; e para os materiais não metálicos destacamos os processos de extrusão, de laminação e de pultrusão.

Dentre os materiais mais usados na fabricação de tubos destacamos o aço carbono e suas ligas, os aços resistentes à corrosão, o alumínio, o cobre, a fibra de vidro, o polietileno de alta densidade, o "PVC" (policloreto de vinila), dentre outros.

Em relação aos processos de fabricação, podemos classificar os tubos quanto ao seu processo de fabricação, ou seja, sem costura ("seamless") ou com costura (soldados).

Dentre os processos de soldagem mais utilizados pela indústria, destacamos o processo por Arco Submerso (SAW – Submerge Arc Welding), o processo por Resistência Elétrica (ERW – Eletric Resistence Welding), incluindo neste caso a soldagem por indução de alta frequência e o processo Gas Metal Arc Welding (GMAW) ou MIG/MAG.

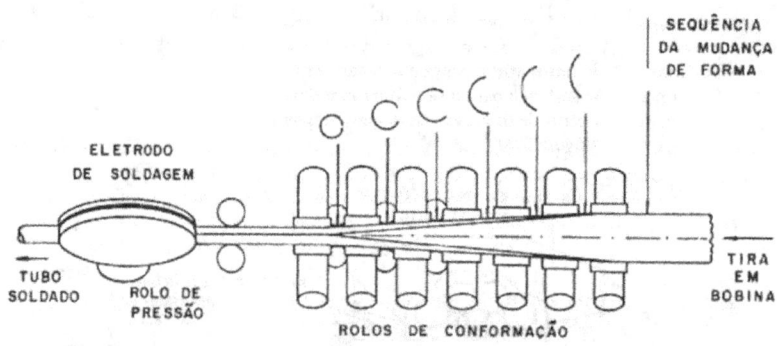

Figura 2-Esquema de fabricação pelo processo ERW.

O processo de soldagem ERW é utilizado para a fabricação de tubos com espessura até 16 mm, o processo SAW é utilizado para tubos com solda longitudinal com espessura acima de 16 mm e o processo GMAW e o HSAW são utilizados para a fabricação de tubos com solda helicoidal em qualquer espessura.

Processo de Laminação. Tubos Sem Costura

Denominamos como *Tubo Sem* Costura, todo aquele que não tem emendas ao longo de seu comprimento durante a sua fabricação.

A laminação é o processo mais utilizado para a fabricação de tubos, podendo ser laminação a quente ou a frio.

O processo de laminação a quente, basicamente, consiste no aquecimento em forno de um tarugo a determinada temperatura de acordo com o material a ser laminado.

O material aquecido é conduzido a passar entre rolos, que se encontram em angulação entre si.

A velocidade que a linha de fabricação atinge é função do material e diâmetro do tubo, forçando-o através de um mandril, cuja função é produzir um furo interno ou *piercing*, gerando assim o diâmetro interno do tubo, conforme vemos na figura abaixo.

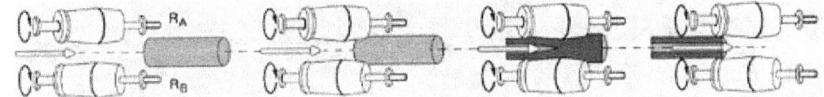

Figura 3- Processo de laminação

O processo de fabricação de tubos sem costura mais conhecido é o processo de laminação Mannesmann.

Atualmente, no Estado da Arte na fabricação de tubos sem costura aponta para modernos processos de alto desempenho.

Nesta condição destaca-se o processo de laminação contínua por mandril com tubos de até 178 mm e o Multi-Stand Plug Mill (MPM) conforme a figura 4 abaixo, capaz de produzir tubos na faixa de 140 a 400 mm.

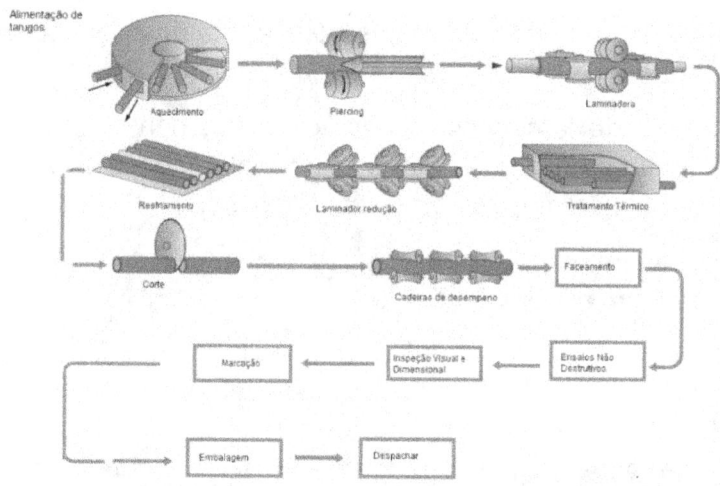

Figura 4- Processo de laminação contínua (www.wermac.org)

Tubos com costura

São denominados tubos com costura aqueles fabricados através de chapas ou bobinas de aço, em que a união de suas bordas é feita por intermédio de solda.

Em relação à soldagem, os tubos com costura são classificados como tubos com costura longitudinal e tubos com costura helicoidal ou em espiral.

Os processos de soldagem mais utilizados para a fabricação dos tubos com costura são o arco submerso (SAW) e o processo de soldagem por resistência elétrica (ERW).

Os tubos com costura longitudinal e soldados pelo processo de arco submerso são identificados como LSAW e os tubos com costura helicoidal, também soldados pelo processo de arco submerso são identificados como HSAW de acordo com o API 5L.

Tubos fabricados pelo processo ERW

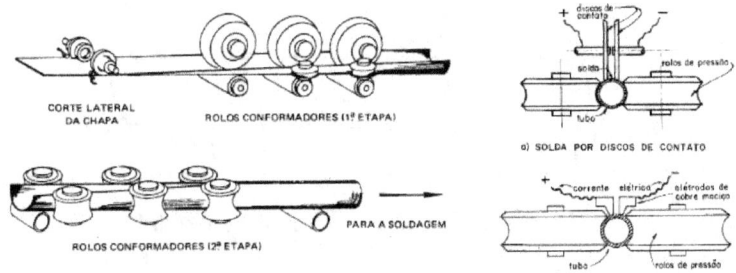

Figura 5 - Fabricação de tubos soldados

A matéria prima utilizada para a fabricação de tubos ERW é originária de bobinas, em função disto, a espessura desses tubos é limitada a 16 mm, que é comercialmente a maior espessura fornecida em bobinas nos dias de hoje.

O processo se inicia com a ação de desbobinar a chapa de aço em uma máquina desbobinadeira, na sequência a tira da bobina passa pela desempenadeira, depois no trem de rolos conformadores, para em seguida se dá a soldagem e o corte no comprimento desejado, ao final.

Na continuidade do processo, os tubos são faceados, biselados, sofrem uma inspeção por ultrassom e em seguida são testados hidrostaticamente.

A pressão de teste é a definida pelo API da seguinte equação P = 2St/D, onde S é a tensão circunferencial, que é definida como um percentual do limite de escoamento do material, t é a espessura do tubo e D é o diâmetro externo.

Tubos fabricados com solda helicoidal (HSAW)

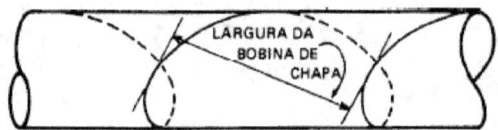

Figura 6- Tubos com solda helicoidal

Os tubos com soldas helicoidais são fabricados a partir de bobinas, e assim como nos tubos ERW, sua maior espessura é limitada pela espessura da chapa da bobina, normalmente em torno de 16 mm.

A utilização de dutos com solda helicoidal no Brasil ainda é pequena, principalmente, na indústria de Óleo e Gás, sendo que algumas questões técnicas relativas a corrosão no transporte de derivados leves, médios e pesados e álcool anidro e hidratado, já foram exaustivamente testadas e aprovadas.

Testes executados simulando a operação de dutos com gás úmido foram executados e com resultados positivos.

Estes testes foram executados em tubos API 5L X70 PSL2, usando como gás CO_2 puro, em solução salina com 100 ppm de Cloreto, à 65 °C na presença de inibidor à 50 ppm, não apresentou corrosão preferencial nas regiões do Metal Base, Zona Termicamente Afetada e Solda, após 5 dias de exposição.

A maioria dos problemas relatados com tubos utilizando soldas helicoidais é originária do processo de fabricação do tubo ou do aço utilizado. Contudo, os problemas relativos à fabricação dos tubos helicoidais podem ser mitigados pela adoção de novas tecnologias de fabricação, soldagem e inspeção.

Adicionalmente, a vida média destes tubos destinados a oleodutos tem sido em torno de 30 anos, sem grandes problemas como trincas, poros ou mesmo rompimentos.

Em relação à fabricação existem dois processos consolidados para tubo helicoidal, processo **ONE-STEP** e o processo **TWO-STEP**.

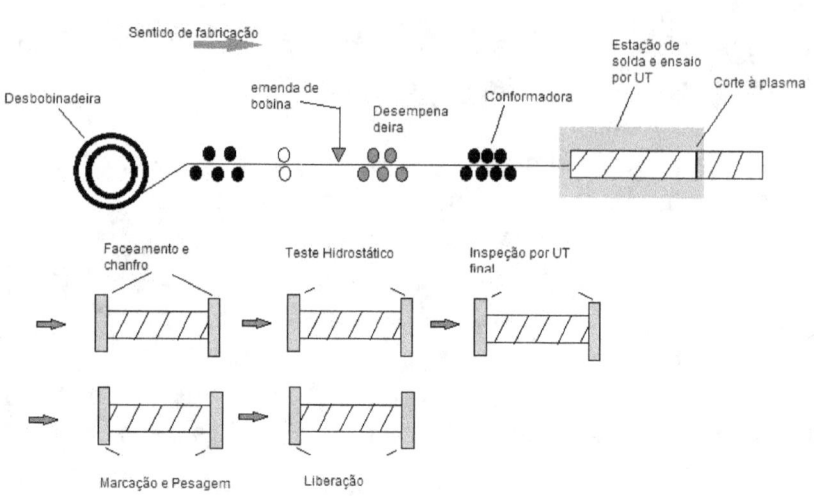

Figura 7- Fabricação de tubo helicoidal - Processo ONE STEP

O processo *ONE-STEP* é caracterizado por possuir a linha de soldagem na sequência da linha de conformação. Já no processo *TWO-STEP*, a bobina é conformada e passa por um processo de ponteamento. Em seguida, o tubo é cortado e segue para uma estação de soldagem.

O tubo helicoidal possui algumas características intrínsecas ao seu processo de fabricação, a saber:

- Maior quantidade de solda por metro de tubo;
- Impossibilidade de se evitar a solda na geratriz inferior do duto;
- Devido ao grande comprimento de solda, existe risco de ocorrer mossas na solda. Este tipo de defeito em solda não é admitido, sendo necessário reparar o duto;
- É preciso ter cuidado e evitar que haja coincidência de soldas das derivações com a solda helicoidal do tubo;

- Não existe a possibilidade de posicionar a solda na linha neutra durante as operações de curvamento do tubo.

A maior quantidade de solda por tubo, quando comparado com o longitudinal, e o posicionamento dela na geratriz inferior não podem ser evitados, por outro lado, isto pode ser minimizado.

A formação do tubo espiral pode ser visualizada na figura abaixo.

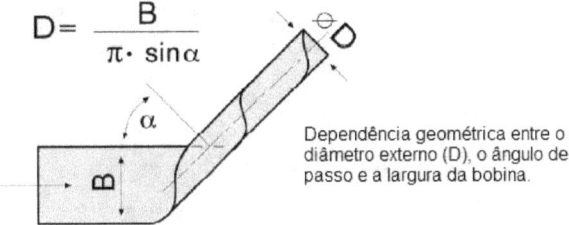

Dependência geométrica entre o diâmetro externo (D), o ângulo de passo e a largura da bobina.

Figura 8 - Desenvolvimento de tubo helicoidal

Nomenclatura:
    B = Largura da bobina.
    D = Diâmetro externo do tubo.
    L = Comprimento do tubo.
    P = Passo.
    NP = Número de passos.
    NS = Número de soldas na geratriz inferior.
    CP = Comprimento de solda por passo.
    CS = Comprimento de solda no tubo.

De acordo com a fórmula acima, é possível calcular o ângulo da solda a partir da largura da bobina e do diâmetro do tubo.

Desta informação, podemos concluir que, quanto maior for o ângulo alfa menor será a quantidade de solda no tubo.

$$\alpha = arcsen\left(\frac{B}{\pi D}\right)$$

Para minimizar a quantidade de soldas na geratriz inferior do tubo é necessário que o ângulo α seja o maior possível.
Da mesma forma, quanto maior for o ângulo α, maior será o tamanho do passo entre as espiras e menor será a quantidade de soldas no tubo.

O passo pode ser calculado da seguinte maneira:
$P = \pi \times D \times tg(\alpha)$

Dessa forma, o número de passos será: $P = NP / L$

O número de soldas na geratriz inferior será igual ao nº de passos + 1.
$NS = NP + 1$

Para a determinação do comprimento total da solda por tubo, calculamos o comprimento de solda por passo e em seguida multiplicamos pelo número de passos NP, conforme abaixo:

Determinação do comprimento de solda por passo
$CP = P / sen(\alpha)$

O comprimento de solda por tubo será o comprimento de solda por passo, multiplicado pelo número de passos:

$$CS = CP \times NP$$

O ângulo α pode ser controlado através da relação B/D, quanto maior for esta relação, maior será o ângulo, resultando em um tubo com menos comprimento de solda.

De acordo com o API 5L, em seu parágrafo 8.3.4 indica que a relação entre a largura da chapa (B) e o diâmetro externo (D) do tubo deve estar no seguinte intervalo:

$$0{,}8 \leq \frac{B}{D} \leq 3{,}0$$

Tubos fabricados com solda longitudinal (LSAW)

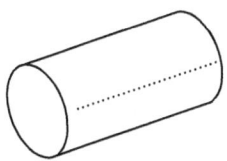

Os tubos com costura longitudinal soldados pelo processo de Arco Submerso, também conhecido como LSAW, podem ser fabricados mediante a utilização dos processos de conformação por calandra e por prensa.

O processo de fabricação por calandra é um dos processos mais antigos e clássicos e a evolução deste processo é representada pela fabricação de tubos em prensas.

Nos próximos capítulos trataremos destes processos com mais detalhes.

Tubos calandrados

O processo de fabricação de tubos em calandras é um processo clássico e largamente encontrado na indústria, porém, não é muito adequado para a produção de grandes quantidades, devido a sua baixa produção ao compararmos com os processos em prensa UOE ou JCOE.

O processo de calandragem concorre diretamente com os processos por prensa, seja ele o processo UOE ou JCOE, os quais têm como grande vantagem a maior capacidade de produção, menor perda de matéria prima, mas por outro lado, o investimento em um processo de fabricação de tubos por calandras é muito inferior se comparado aos processos UOE e JCOE.

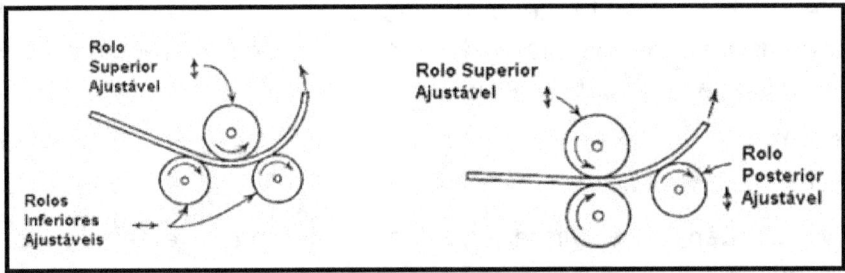

Figura 9- Calandragem de chapas

Fluxograma de Fabricação de Tubos Soldados por calandra

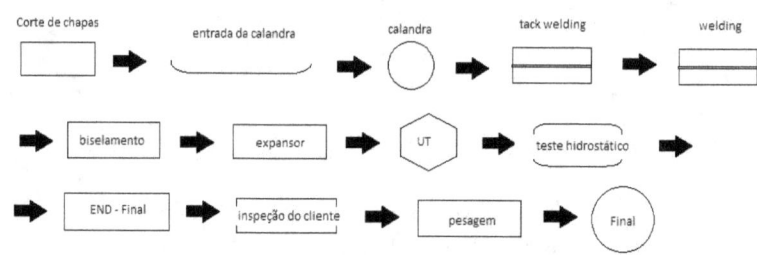

Figura 10 – Fluxograma para fabricar tubos calandrados

No processo por calandra, a conformação da curvatura inicial é dependente do tipo de calandra que a fábrica possui.

De forma geral, adotamos a conformação da curvatura inicial em uma prensa, tipo "Press Brake", onde com o ferramental adequado, fazemos o *"initial pitch"*.

Na calandra, a chapa a ser conformada é submetida a várias passagens pelos rolos da calandra, até atingir a curvatura esperada.

Nesta etapa, quanto menor a relação D/t (diâmetro / espessura), mais lenta é a velocidade de trabalho e, por conseguinte mais tempo levamos nesta operação.

O tubo é ponteado com solda ainda na calandra, antes de se remover a virola.

Na sequência, a virola é soldada, interna e externamente, inspecionada por ultrassom e se aprovada segue para a chanfradeira ou biseladora.

Dependendo das instalações fabris, algumas empresas utilizam uma segunda calandra, para ajustar o dimensional do tubo, no lugar de um expansor. Esta operação torna a velocidade da linha mais lenta e com custo maior de produção.

A partir desta fase, o tubo segue para o teste hidrostático, ultrassom final, inspeção dimensional, pesagem e liberação para embarque.

Calandras

A calandragem é um processo de conformação mecânica, utilizado para a fabricação de cilindros e tronco de cones.

Neste processo são essenciais os conhecimentos de algumas das propriedades mecânicas do material, a saber, o seu limite de escoamento, visto que se trata de uma deformação plástica, e a dureza do material, assim como, o seu efeito mola ou "spring back".

As calandras podem ser verticais ou horizontais. As calandras verticais só compostas de um único rolo e as horizontais são classificadas como Piramidais, de 3 rolos com entrada "Initial Pitch" e de 4 rolos.

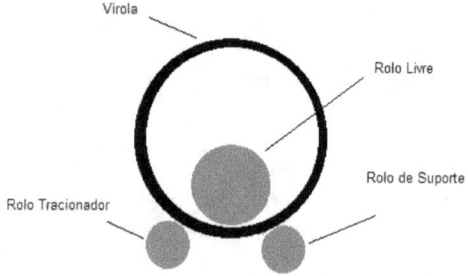

Figura 11- Esquema de uma calandra

As calandras horizontais de 3 rolos com entrada para "Initial Pitch" tem desempenho melhor do que as Piramidais e, as de 4 rolos tem desempenho superior as demais.

Para a determinação da capacidade de calandragem de um determinado tubo são consideradas as seguintes variáveis essenciais:

- Limite de escoamento do material;
- Espessura da peça a ser calandrada;
- Comprimento a ser calandrado;
- Diâmetro do tubo.

A definição dessas 4 variáveis mencionadas acima, permitem determinar, que características a calandra deverá ter para ser utilizada na fabricação de tubos.

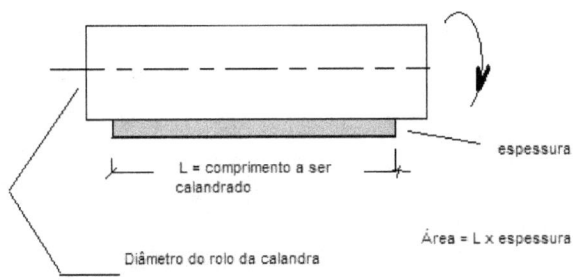

Figura 12-Características da calandra

O processo de fabricação de tubos por calandra é lento, por conseguinte, mais oneroso se compararmos com os processos por prensa UO ou JCO. Desta forma, os grandes fabricantes mundiais de tubos não o utilizam, devido à baixa produtividade.

Entretanto, a calandra é um equipamento essencial para a fabricação de costados para vasos de pressão, costados de tanques de armazenamento, cascos de trocadores de calor e na fabricação de cones, dentre outros.

Tipos de Calandras.

Calandra Piramidal (sem dispositivo para conformar o "Initial Pitch")

Calandras de três rolos não conseguem conformar as bordas das chapas, ou seja, não conseguem fazer o curvamento nas bordas, necessitando de uma região de entrada na calandra, fazendo que se utilize mais material.

Este material extra deverá ser retirado e o tubo ou virola, deve retornar a calandra para concluir o seu fechamento.

A dimensão com o material excedente depende muito do equipamento que se possui. Este excesso é função do diâmetro e espessura a ser calandrada, e do diâmetro do rolo auxiliar, podendo chegar até a 100 mm ou mais.

Rolos inferiores, fixos, com igual diâmetro, mas menores (10 a 50%) que o superior.

Rolo superior motorizado e os extremos da chapa (abas) permanecem retos.

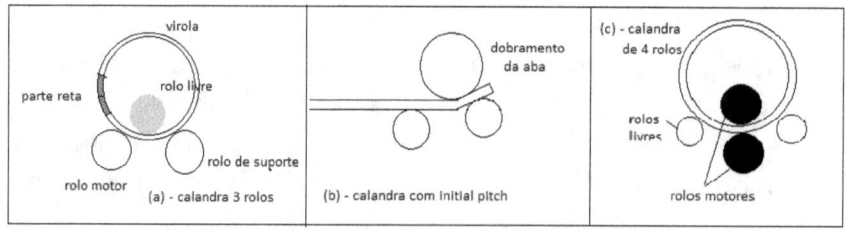

Figura 13- Esquema de Calandragem

Tubulação Aplicada na Indústria de Óleo e Gás 31

Por intermédio da figura acima vemos: a) Calandra de três rolos tipo piramidal, b) Calandra de 3 rolos com dispositivo de dobramento das abas c) Calandra de quatro rolos.

Calandra de três rolos com dispositivo para o *Initial Pitch*.

O Initial Pitch pode ser feito em calandra de três rolos que possua movimento vertical em um dos rolos inferiores. Para exemplo de cálculo do comprimento a ser considerado, podemos considerar que a parte reta ou aba é igual a (0,5 a 2)h; h - espessura da chapa.

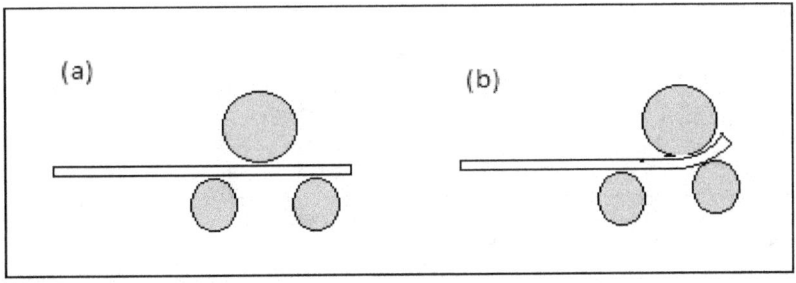

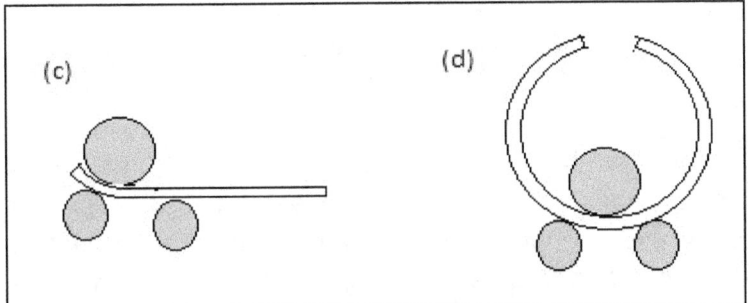

Figura 14: Fases da operação de calandragem numa calandra de três rolos com os rolos inferiores simétricos e possuindo

movimento vertical inclinada, a) Alimentação, b) Deformação de uma aba, c) Deformação da outra aba, d) deformação da virola

Calandra de quatro rolos

Possui dois Rolos centrais, motores os rolos laterais, livres, controlam o raio da calandragem e a dobramento da parte reta ou entrada da calandra.

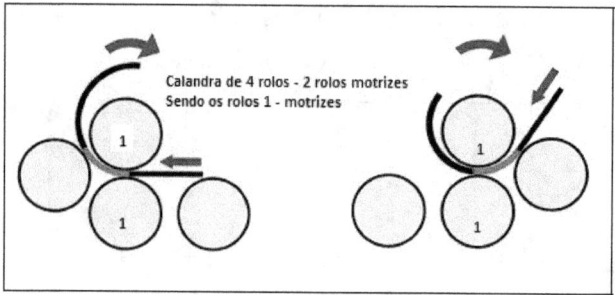

Figura 15- Calandra de 4 rolos

Vantagem da calandra de quatro rolos.

O posicionamento da chapa entre os rolos motores facilita bastante a operação, facilitando o manuseamento da chapa que, em muitos casos, pode ser feito por um único operador a dobragem das abas efetua-se sem necessidade de voltar a chapa a calandra.

Dobramento da Entrada na Calandra Ou "Initial Pitch".

Um dos problemas principais da calandragem é o a conformação inicial, ou entrada da calandra.

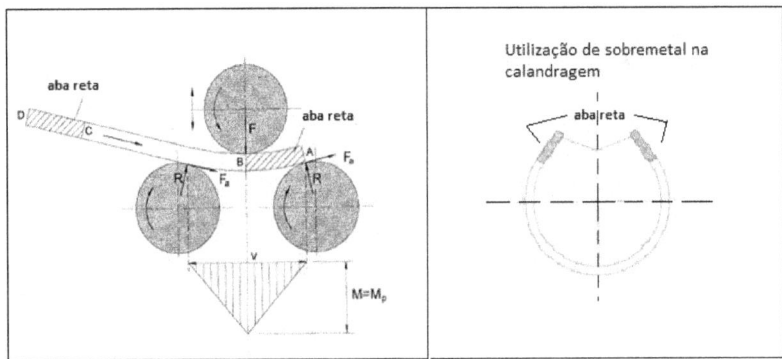

Figura 16 - Entrada da calandra

O problema do *initial pitch* no processo de calandragem de tubos ou cones pode ser solucionado de três formas distintas.

A primeira opção seria a utilização de uma prensa viradeira ("Press Brake"), a fim de fazer a entrada da virola, que na sequência da fabricação seguiria para uma calandra piramidal.

A segunda opção é a utilização de material extraordinário, denominado de "parte reta", o qual seria removido após a conformação na calandra.

A terceira opção é a aquisição de uma calandra de 4 rolos, com capacidade de fazer a entrada da virola.

As decisões por cada uma das alternativas vão depender da disponibilidade financeira da empresa em primeiro lugar, segundo da análise econômica do processo de fabricação ou do Estudo de Viabilidade Técnica e Econômica (EVTE).

Entretanto, qualquer que seja a solução adotada, não podemos esquecer que o processo de calandragem é mais lento do que o processo de fabricação de tubos em prensa, seja o processo UOE ou o JCOE.

Determinação dos esforços na calandra

Para determinar os esforços ocorridos durante o processo de calandragem, é preciso determinar a geometria de contato envolvida durante o processo.

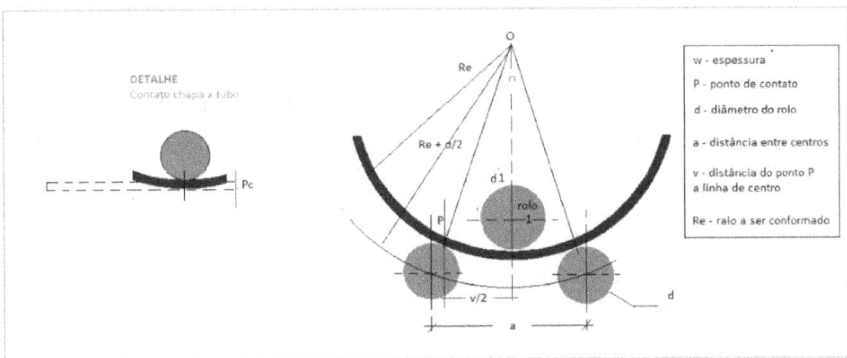

Figura 17- Esquema de calandra de 3 rolos

Vamos considerar uma calandra de três rolos, sendo o rolo1, o rolo motriz e os demais os rolos conduzidos de diâmetro d.

O ângulo de abertura é o ângulo α, assim, da figura acima podemos deduzir as principais grandezas de cálculo.

A seguir trazemos algumas considerações na determinação do ângulo de abertura α.

Este ângulo é função do menor diâmetro a ser calandrado e da maior distância entre centros – a.

Assim, $\dfrac{\alpha}{2} = \sin^{-1}\left(\dfrac{a}{Re + d}\right)$

A abertura da calandra é calculada em função do raio interno, da espessura, conforme abaixo.

$$\dfrac{a}{2} = \left[(R_i + w) + \dfrac{d}{2}\right] \times \sin\left(\dfrac{\alpha}{2}\right)$$

E, a distância do ponto de contato [P] da chapa e os dois rolos conduzidos.

$$v = 2(R_i + w) \times \sin\left(\dfrac{\alpha}{2}\right),$$

Das duas equações acima, conseguimos obter a relação entre a abertura entre rolos e a distância do ponto de contato, ou seja, a relação a/v, temos:

$$v = \dfrac{Re}{\left(Re + \dfrac{d}{2}\right)} \times a$$

E a distância entre a linha neutra da chapa e a linha de centro dos rolos inferiores, definido pelo segmento BC é dado pela seguinte equação:

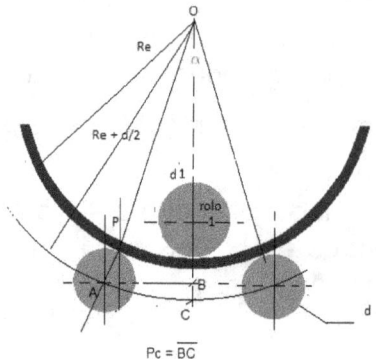

Figura 18 - Determinação da linha neutra

$$BC = Pc = (Re + \frac{d}{2}) \times (1 - \cos\frac{\alpha}{2})$$

Deformação máxima de calandragem.

$$\partial max = \frac{w}{2Re}(1 - \frac{Re}{Ri})$$

Onde w = espessura e (Ri) é o raio de curvatura inicial e (Re) é o raio de curvatura final.

ESFORÇOS DURANTE A CALANDRAGEM

Durante o processo de conformação da chapa em tubo, a deformação que acontece é permanente, o que significa que o material atingiu o seu limite de escoamento, gerando uma deformação plástica.

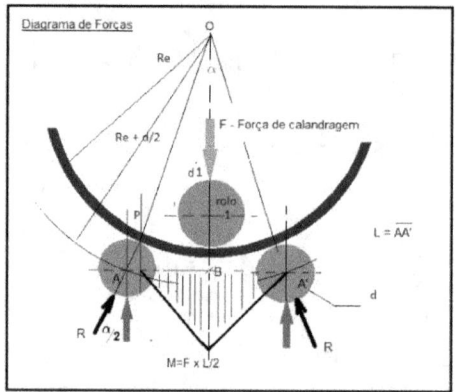

Figura 19 - Esforços durante a calandragem

MOMENTO FLETOR

O momento fletor que proporciona esta deformação é dado pela equação do estado plano de tensões em que o $M(y) = \int_A \sigma_e dA$

ou

$M(y) = \int_0^{t/2} \sigma_e b\, y\, dy$, cuja solução é $M = \sigma_e \times (b \times t^3)/4$

Onde σ_e é o limite de escoamento do material, b é a largura e t a espessura da chapa.

Alguns fabricantes de calandras, em virtude da deformação plástica ocorrida, sugerem a adoção de um fator empírico, K, para corrigir o momento fletor.

Assim, empiricamente, a equação do momento fletor ficaria:

$$M = K\,\sigma_e(b \times t^3)/4$$

Onde o valor de K se situaria entre 1,10 e 1,25 a depender da relação D/t, ou seja, se D/t ≥ 40 usar K = 1,10 e D/t< 40 usar K = 1,25.

ESFORÇOS NA CALANDRAGEM

É importante conhecermos os conceitos adotados para o projeto e fabricação de tubos, qual seja, o conceito de tubo de parede fina e tubo de parede grossa.

Este conceito é baseado pela relação diâmetro externo do tubo e a sua espessura e adotado no projeto de dutos submarinos para o transporte de hidrocarbonetos.

A definição da relação D/t > 20 para tubos de parede fina, é válida para materiais homogêneos, isotrópicos e justificada pela Teoria das Placas e Cascas.

Desta forma, considera-se Tubos de Parede Fina quando a relação D/t > 20 e Tubos de Parede Grossa, quando a relação D/t≤20.

Tubos de Parede Fina (D/t > 20)

O cálculo dos esforços requeridos para a conformação da chapa é função do limite de escoamento do material, do comprimento do tubo ou tramo a ser calandrado, da espessura e da distância entre os rolos inferiores ou abertura da calandra.

$$F = \frac{\sigma_e b\, t^2}{v} - \frac{4\, R^2}{3 v_E^2} b\, \sigma_e^3$$

E para a condição de Tubos de Parede Grossa, onde D/t ≤ 20 a força de calandragem é

$$F = \frac{\sigma_e \times (b \times t^2)}{v}$$

DETERMINAÇÃO DA POTÊNCIA

Uma vez determinada a força necessária para a calandragem e considerando na prática a velocidade periférica (V) dos rolos motores e μ é o coeficiente de atrito entre a chapa e os rolos, temos, que a Potência é definida pela equação abaixo:

$P = \mu F V / 60$ é expressa em Watts [W]

Onde a força F é expressa em Newtons e a velocidade em m/min.

Adotamos na prática uma velocidade V entre de 3 a 7 m/min para a calandragem a frio.

Fabricação de tubos por prensagem

O processo de fabricação de tubos mais difundido mundialmente na atualidade é o processo de fabricação por intermédio de prensas.

Existem dois processos normalmente utilizados pelas grandes empresas fabricantes de tubos com costura longitudinal, são eles o processo UOE e o processo JCOE.

A fim de facilitar o entendimento, uma breve descrição dos processos se faz necessário.

Processo UOE

A fabricação de tubos soldados pelo processo UOE é caracterizada pela utilização de 3 prensas em linha e pela característica da prensagem, pois, em primeiro estágio, conformamos a chapa na forma de "U", em seguida este "U" é conformado na forma de "O" e depois de soldado o tubo é expandido ("E"), por isso, denominamos como processo UOE.

A chapa que dará origem a tubo tem soldada em suas extremidades placas-apêndice, a fim de garantir que o início da soldagem ocorrerá fora da região do chanfro, conforme figura abaixo.

Tubulação Aplicada na Indústria de Óleo e Gás 43

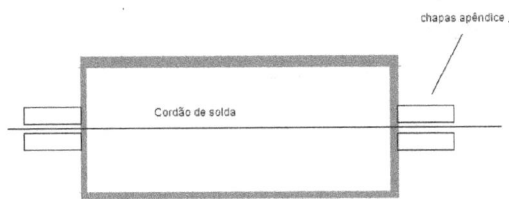

Na estação de trabalho seguinte, é feito o esquadrejamento da chapa e a usinagem do chanfro para a soldagem longitudinal.

A chapa contendo a placa-apêndice e com o chanfro usinado, segue para a primeira prensa, na qual é feita a conformação da curvatura inicial do tubo.

A segunda prensa é uma prensa "U", a qual é composta de um punção e uma matriz aberta, sobre a qual a chapa é conformada. Nesta etapa, devemos considerar o efeito mola da chapa prensada.

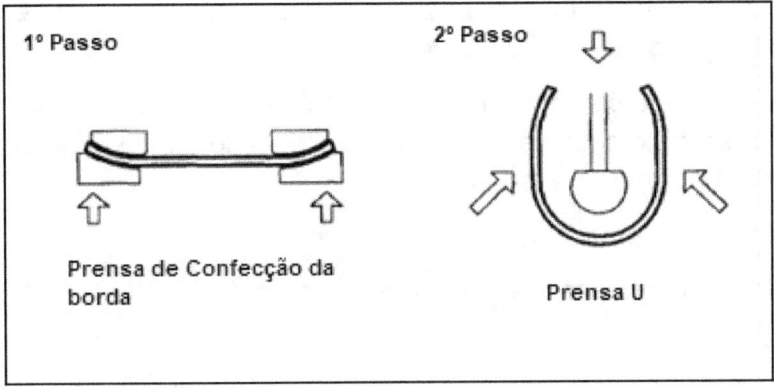

Figura 20 - Passos iniciais - UOE

A última prensa dentro da sequência de fabricação é a prensa "O", a qual dará forma ao tubo.

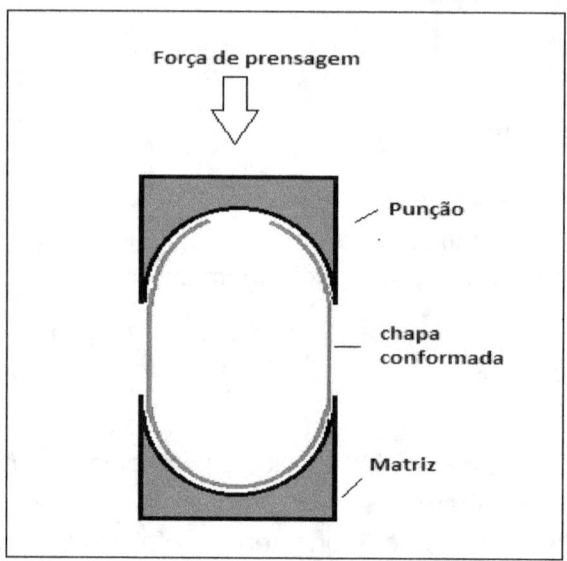

Figura 21- Matriz de conformação - UOE

Após esta etapa o tubo é soldado interna e externamente, em seguida o tubo é lavado e secado.

Na próxima estação de trabalho o tubo é faceado, inspecionado por ultrassom, e caso seja encontrado algum defeito, o mesmo é levado para a área de reparos.

Em seguida, o tubo é levado ao expansor.

Definimos como expansão, a relação da fórmula:

$$s_r = \frac{|D_a - D_b|}{D_b}$$

Onde D_a é o diâmetro após a expansão,

D_b é o diâmetro antes da expansão

$|D_a - D_b|$ é o módulo da diferença das medidas

A expansão é expressa em porcentagem e não deve ser maior do que 1,5% e nem menor do que 0,3%, conforme o API 5L.

Na sequência da fabricação de tubos soldados pelo processo UOE, faz-se um ensaio por ultrassom da solda, antes do teste hidrostático. Este ensaio por ultrassom, que não é mandatório, visa a garantir que a solda está isenta de defeitos antes do teste hidrostático.

Após o ensaio de ultrassom, o tubo é testado hidrostaticamente, conforme determinado por norma, sendo então liberado para os ensaios finais por ultrassom e partícula magnética, inspeção visual e dimensional, pesagem e despacho.

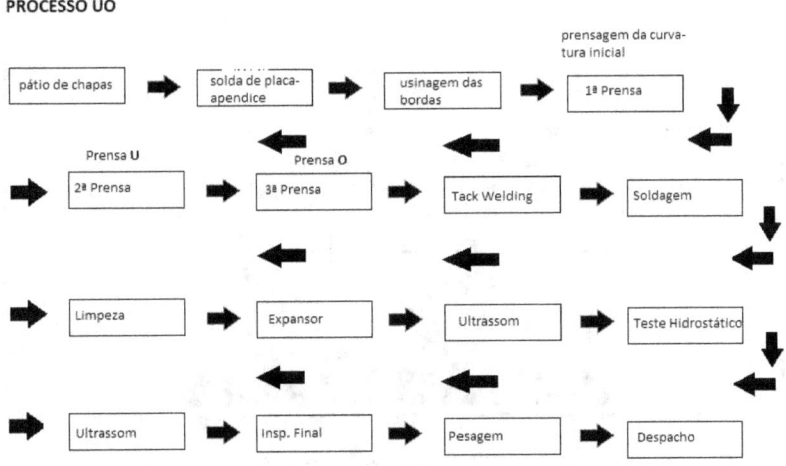

Figura 22 - Fluxograma fabricação pelo processo UOE

Processo JCOE

A fabricação de tubos pelo processo JCOE, utiliza duas prensas em sua linha de produção. A primeira prensa é a responsável pela curvatura inicial (*initial picth*) e acoplada a ela temos uma fresadora, a qual faz a usinagem do chanfro para a solda longitudinal.

A segunda prensa é utilizada para curvar a chapa em forma de "J", e na sequência em forma de "C" e por último o fechamento, ou seja, em forma de "O", na sequência é realizada a solda no tubo e depois a expansão ("E").

Na segunda prensa é preciso desenvolver um ferramental adequado, considerando o diâmetro do tubo e a espessura a ser prensada.

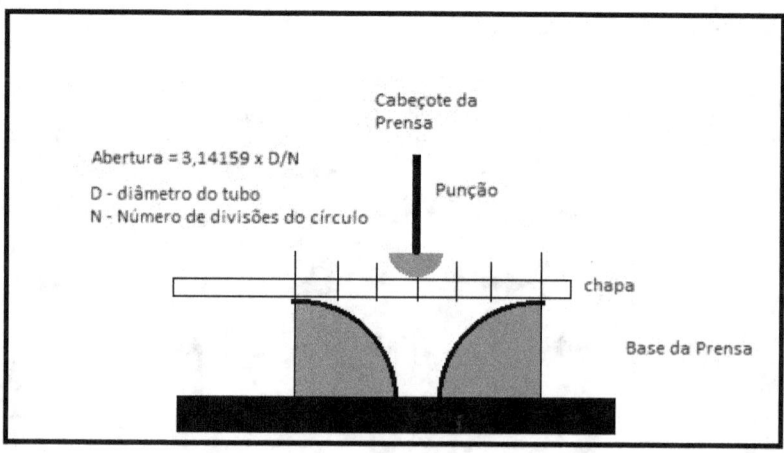

Figura 23- Esquema de prensagem

O número de golpes para a conformação da chapa em tubo é função do diâmetro do tubo, da espessura da parede e das propriedades mecânicas do material.

Este número pode variar de 11 a 17 golpes, dependendo do tubo a ser fabricado e da capacidade da prensa.

O ferramental desenvolvido deve ser tal que previna a geração de marcas internas ao tubo. Este tipo de defeito ("dents") não é aceitável pelas normas de projeto e fabricação de tubos.

Os tubos fabricados pelo processo JCOE são prensados por setores até a conformação final em forma de **O**.

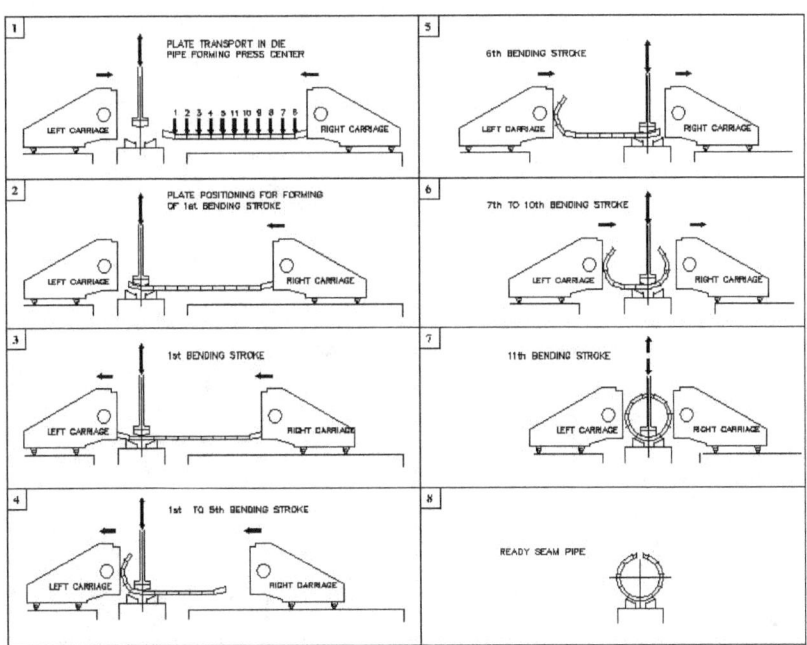

Devido a estes processos de conformação por prensa, é importante analisar o comportamento das propriedades mecânicas, Limite de Escoamento, Limite de Ruptura, Alongamento percentual, dureza, nas condições como chapa e como tubo.

Expansão Mecânica

Independentemente do processo de fabricação ser UOE ou JCOE, após a conclusão da soldagem do tubo, ele é levado ao expansor mecânico.

O expansor mecânico é um equipamento instalado para a fabricação de tubos API em especial, cuja finalidade é garantir o dimensional do tubo (extremidades e meio), entretanto, este processo traz benefícios para as propriedades do material.

O processo de expansão traz como benefícios o alívio de tensões residuais, ocorridas durante o processo fabril, com o consequente aumento da resistência à fadiga do tubo.

No expansor mecânico ocorre a calibração do diâmetro do tubo produzido, através de uma deformação permanente, porém, controlada e definida por norma.

A seguir listamos os benefícios que a expansão traz ao tubo soldado:

(1) Devido a menor ovalização e melhor circularidade, proporciona um acoplamento mais acurado, facilitando o processo de montagem e solda no campo;

(2) Melhora as propriedades mecânicas do tubo, pois reduz as deformações ocorridas durante a conformação e soldagem.

(3) Garante o diâmetro nas extremidades do tubo, proporciona uma menor ovalização e melhor

circularidade, fazendo com que o tubo tenha uma característica geométrica dentro do especificado em norma e projeto.

Os tubos devem estar limpos, isentos de resíduos metálicos ou qualquer outra impureza no seu interior, pois, devido ao movimento de arraste do expansor, estas impurezas ou resíduos provocarão marcas e ranhuras, as quais podem danificar o tubo.

As normas de projeto e fabricação limitam o valor percentual da expansão mecânica para o valor máximo de 1,5% e definido pela fórmula abaixo.

$$S_r = \frac{|D_a - D_b|}{D_b},$$

onde D_a é o diâmetro externo após expansão e D_b é o diâmetro externo antes da expansão e $|D_a - D_b|$ o módulo da diferença entre os dois diâmetros.

Tubos de Condução

Na indústria de óleo e gás, o transporte da produção de um poço de petróleo até a plataforma ou navio aliviador e depois a sua transferência para instalações terrestres é feito por dutos fabricados conforme a norma API 5L, denominados *Tubos de Condução*.

A identificação de tubos API 5L é idêntica a do aço utilizado na sua fabricação, por exemplo, um tubo API 5L X65 DN 20 pol x 1 pol é fabricado com uma chapa de aço cujo limite de escoamento é 65000 psi ou 65 ksi e composição química conforme definido pelo próprio API 5L. Exceção é feita ao API 5L grau A e grau B, que não corresponde a nenhuma propriedade mecânica.

Para a fabricação de tubos API 5L, seja pelo processo ERW, UOE ou JCOE, o fabricante do tubo deve considerar, que a especificação mencionada na norma API 5L faz referência ao tubo em si e, não a especificação da chapa para fabricar o tubo.

Esta observação se deve ao fato, que os processos de conformação utilizados na fabricação, introduzem tensões, as quais podem alterar algumas propriedades mecânicas, como por exemplo, o alongamento percentual, a dureza e o limite de escoamento do material.

Estas características do processo fabril fazem com que as propriedades mecânicas da chapa devam ser diferentes das propriedades mecânicas do tubo.

É importante destacar o cuidado na elaboração das especificações das propriedades mecânicas e composição química por parte do fabricante do tubo por ocasião da aquisição da chapa para fabricar o tubo encomendado.

O fabricante deve prover o fornecedor das chapas, seja este a usina siderúrgica ou o distribuidor, as suas especificações técnicas referentes às propriedades mecânicas e composição química, a fim de fabricar o tubo nas condições estabelecidas em norma.

Para a composição química deve ser especificado o carbono equivalente – CE, seja o CE_{pcm} ou CE_{IIW}.

$$CE_{Pcm} = C + \frac{Si}{30} + \frac{Mn}{20} + \frac{Cu}{20} + \frac{Ni}{60} + \frac{Cr}{20} + \frac{Mo}{15} + \frac{V}{10} + 5B$$

$$CE_{IIW} = C + \frac{Mn}{6} + \frac{(Cr + Mo + V)}{5} + \frac{(Ni + Cu)}{15}$$

e os limites para as impurezas, isto é, os valores máximos para os teores de fósforo (P) e enxofre (S) e para o caso de dutos PSL2, o teor máximo de carbono (C) e manganês (Mn).

É fundamental que o fabricante informe se a chapa deverá atender ao requisito PSL1 ou PSL2.

Em relação as propriedades mecânicas, devemos informar a tenacidade esperada pelo material (chapa) na temperatura de projeto, limite de escoamento e limite de ruptura, o alongamento percentual, bem como, o tamanho de grão.

A fim de exemplificar o que foi dito acima, o API 5L – 45th Edição, na tabela 7, estabelece a relação LE/LR (Limite de Escoamento / Limite de Resistência ou Tensão Última de

Ruptura) para a fabricação de tubos PSL2, a qual está em parte reproduzida abaixo.

Observe que para um tubo API 5L X70, a relação LE/LR é 0,93 na condição de tubo. Assim, se o processo de fabricação for, por exemplo, o UOE, no qual o grau de deformação é elevado, devemos especificar chapas cuja LE/LR seja inferior a 0,93.

Requisitos para resultados de testes de tração em tubos PSL2

Nota 1 – O alongamento percentual deverá ser determinado conforme a fórmula definida pelo API 5L

Os tubos de condução fabricados em conformidade com o API 5L são divididos em duas categorias, o PSL1 que é aplicado para transporte de produtos classificados como não ácidos, por exemplo, óleo Diesel, gasolina, Biodiesel, etc. e o PSL2 que é aplicado para transporte de produtos classificados como ácidos, por exemplo, petróleo contendo CO_2 e H_2S ou para tubos em aplicações submarinas.

Os tubos fabricados na categoria PSL2 tem associado a sua especificação um sufixo representado pelas letras R, N, Q ou M, as quais indicam a condição de fornecimento da chapa.

O fornecimento de tubos API 5L exige do comprador, que o mesmo informe ao fabricante uma série de dados, os quais deverão ser atendidos pelo fabricante.

De acordo com o API 5L, o comprador deve no mínimo fornecer as seguintes informações ao vendedor:
    a) Quantidade (em peso ou em comprimento total)
    b) Se os tubos são PSL1 ou PSL2;
    c) Tipo de tubo, se sem costura, com costura e as extremidades conforme tabela do API;
    d) Referência a ISO3183;
    e) Grau do aço;

f) Diâmetro externo e espessura;
g) Comprimento individual e a faixa de comprimento adotada;
h) Confirmação da aplicação de anexos.

O API 5L define todos os critérios para a aceitação de tubos, listando os ensaios a serem realizados, bem como, os valores mínimos a serem atingidos em cada ensaio ou teste.

VALIDAÇÃO DE PROCESSOS:

O API 5L define que estejam homologados os processos de fabricação que inferem propriedades mecânicas aos tubos, exceto a composição química e o exame dimensional, a saber:

Processo	Operação de fabricação
Sem costura, como laminado	Prática de reaquecimento, ajuste dimensional a quente ou laminação para redução de diâmetro; E se aplicável acabamento à frio.
Sem costura, tubo tratado termicamente	Tratamento térmico
Tubo com costura com solda elétrica,	Ajuste dimensional e cordão de solda; Se aplicável, tratamento térmico do cordão de solda.
Tubo com solda elétrica, tratado termicamente	Tratamento térmico do cordão de solda e do corpo do tubo.

DETERMINAÇÃO DO PESO LINEAR DE TUBOS:

A fórmula prática para o cálculo de peso por metro linear é a seguinte:

$$P/L = t(D-t) * 0{,}0024461 \quad \text{onde,}$$

A espessura é t – em milímetros e D – é o diâmetro externo em milímetros e a razão P/L é dada em Kgf/m.

Exemplo:

Determinar o peso linear de um tubo API 5L X65 – DN 600 x 25

P/L = 25*(600-25) x 0,0024461

P/L = 35,16 kgf/m

TOLERÂNCIAS:

O API 5L adota uma série de tabelas para a determinação das tolerâncias de fabricação ao longo do processo.

Tolerância ao Peso:

Para a determinação da tolerância em peso de um tubo, o API 5L adota os seguintes critérios:

Tipo de extremidade	Valor máximo (%)	Valor mínimo (%)
Para extremidades especiais – vide Nota 1	10,0	-5,0
Para tubos nos graus L175, L175P, A25 e A25P	10,0	-5,0
Para os demais tubos	10,0	-3,5

Nota 1 – São consideradas extremidades especiais, os tubos com diâmetro externo e espessura obtidos pela interpolação dos valores definidos pela consulta da tabela 9 do API 5L na 45th edição.

Tolerância no comprimento

O API 5L define as tolerâncias relativas ao comprimento, devendo o comprador especificar estas tolerâncias em seu pedido de compras. As tolerâncias definidas na tabela abaixo.

Desta forma, ao informarmos ao fornecedor no momento da compra o comprimento teórico, saberemos os comprimentos de tubos que receberemos.

Entretanto, recomenda-se ao comprador definir um percentual de tubos dentro de um certo comprimento.

Exemplo:

Aquisição de 12 km de tubos API 5L X42 – DN 20" x 1" – 12 metros.

Observação ao fornecedor: 80% dos tubos fornecidos devem estar entre o comprimento de 10,67 e 13,72m.

Tabela com tolerâncias de fabricação – API 5L

Comprimento teórico (m)	Comprimento mínimo (m)	Menor comprimento médio por item fornecido (m)	Comprimento máximo (m)
Tubos com extremidades rosqueadas			
6,00	4,88	5,33	6,86
9,00	4,11	8,00	10,29
12,00	6,71	10,67	13,72

Tubos de face lisa			
6,00	2,74	5,33	6,86
9,00	4,11	8,00	10,29
12,00	4,27	10,67	13,72
15,00	5,33	13,35	16,76
18,00	6,40	16,00	19,81
24,00	8,33	21,34	25,91

TESTE HIDROSTÁTICO

O teste hidrostático é mandatório para todos os tubos fabricados pelo API 5L, independentemente do processo ou rota de fabricação.

É mandatório o registro do teste hidrostático, sendo obrigatório o registro da duração do teste, da pressão atingida, da identificação do tubo, da data e hora de sua realização e o responsável pela sua realização.

O teste hidrostático deve ser conectado a um dispositivo que possa gerar um gráfico contendo as informações do teste realizado e deverá ser disponibilizado ao cliente comprador do tubo ou seu representante.

A duração do teste hidrostático é assim definida:

- Todos os tubos sem costura – 5 segundos;

- Tubos soldados com diâmetro até 457 mm (DN 18 pol) – 5 segundos;
- Tubos soldados com DN > 457 mm (DN 18 pol) a duração mínima é de 10 segundos.

Para tubos roscados e com luva acoplada, duas condições devem ser observadas:

- DN < 323,9 mm (12.375 pol) com acoplamento mecânico. O teste hidrostático deve ser acordado entre comprador e fornecedor do tubo;
- DN > 323,9 mm (12,375 pol) devem ser testados na condição de ponta-lisa, isto é, antes da abertura da rosca.

Para tubos fornecidos com luva acoplada, porém, com acoplamento manual, o teste hidrostático poderá ser realizado em uma das seguintes situações:

- Ponta-lisa;
- No tubo roscado;
- No conjunto tubo-luva montado.

Para o cálculo da pressão para o teste hidrostático, a equação

$$P = 2\frac{S \times t}{D}$$

P – Pressão de teste hidrostático em Mpa.

S - é a tensão circunferencial em MPa, definida como um percentual do limite de escoamento do material do tubo, cujo índice é definido pelo API 5L na Tabela 1 abaixo.

t - é a espessura do tubo em milímetros;

D - é o diâmetro externo, expresso em milímetros.

Tabela 1 - Fator para determinação da tensão circunferencial

Grau do Tubo	Diâmetro Externo (mm)	Percentual a ser aplicado sobre o Limite de Escoamento, para determinação de S	
		Teste padrão	Teste alternativo
A25 e A25P	≤ 141,3	60%	75%
A	≤ 141,3	60%	75%
B	Todos	60%	75%
X42 a X120	≤ 141,3	60%	75%
	>141,3 a 219,1	75%	75%
	>219,1 a 508	85%	85%
	≥508	90%	90%

INSPEÇÃO

O API 5L define uma frequência de inspeção para tubos PSL1 e PSL2, determinando que tipos de inspeção devam ser realizados e com que frequência.

Tubos Poliméricos

A busca por soluções alternativas para o escoamento terrestre de hidrocarbonetos em geral – TUBOS DE CONDUÇÃO, tem levado a indústria a desenvolver novos materiais, que possam proporcionar custos menores de instalação e operação, em especial, em locais onde uma tubulação convencional promove grande impacto ambiental.

Sob esta perspectiva, o desenvolvimento de Tubos Termoplásticos Reforçados (RTP) tem se mostrado como uma solução técnica e economicamente viável em países como Estados Unidos e Canadá.

No Brasil, esta tecnologia ainda é pouco utilizada, devido a alguns fatores estruturais, tais como, o fato de termos uma indústria pouco desenvolvida, o desconhecimento da tecnologia por parte dos usuários, o que se traduz em um mercado demandante também incipiente.

Os Tubos Termoplásticos Reforçados, são produzidos em multicamadas, em faixa de diâmetro de ½" até 8", apresentando as seguintes vantagens:

- São flexíveis e reaproveitáveis;
- Fornecimento em bobinas com até 1600 metros de tubo;
- Processo de instalação ágil, flexível e simples;
- Menor custo de instalação e manutenção;
- Longos trechos sem emenda (riscos ao meio ambiente reduzido);

- Não necessita de solda;
- Redução no custo de ensaios não destrutivos;
- Maior vida útil.

Atualmente, existe em operação um oleoduto de cerca de 300km de tubos RTP no Brasil.

Desta forma, dentro deste cenário tecnológico, os tubos RTP podem ser utilizados como tubos de condução em substituição aos tubos em aço (API o5L), além de enquadrarem perfeitamente na categoria de tubos de Produção, API 5CT (*Tubings*), substituindo colunas de produção fabricadas em aço, fazendo desta solução, uma alternativa importante na exploração de poços terrestres, trazendo redução nos custos operacionais.

A ROTA POLIMÉRICA

Os tubos termoplásticos reforçados (RTP) são desenvolvidos segundo as normas API 15S ou API 17J, a depender do material que será utilizado como reforço.

No caso da API 15 S são utilizados reforços não metálicos (fibras de vidro, de carbono, de aramida, etc.). Já os tubos com armadura metálica seguem a norma API 17J.

Os tubos poliméricos, são fornecidos em bobinas, que a depender do diâmetro, podem conter até 2000 metros de material rebobinável. Eles são compostos de 3 camadas básicas, a saber: interna, estrutural e externa.

A camada interna é de polímero, cuja principal função é a de atuar como barreira química. Deve ser especificado de tal forma, que haja compatibilidade química com o fluido de processo. Esta camada pode ser subdividida para acrescentar alguma característica física ao tubo dependendo das necessidades de operação.

A segunda camada, cuja principal função é ser estrutural, pois, confere resistência mecânica do tubo, tanto para cargas aplicadas durante a operação quanto para as cargas de instalação. Conforme dito acima, a depender da norma aplicável, o tipo de reforço muda. Consiste basicamente de uma malha de fibras (pode ter mais de uma camada) ou fitas de aço arranjadas para garantir a resistência do tubo.

A terceira camada, é externa e tem a função de proteger a camada estrutural de intempéries e de possíveis danos durante a instalação e operação.

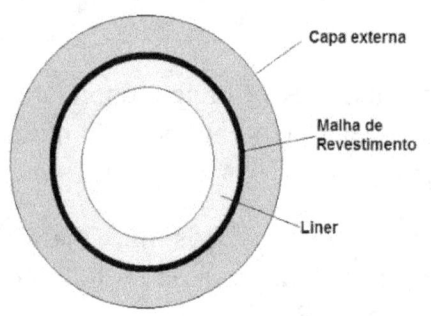

- Camada Externa – PEAD

- Malha de Revestimento
  - Aço
  - Fibra de vidro
  - Aramida
  - Fibra de carbono

- Camada Interna – PEAD, outros

A escolha do tipo de reforço estrutural vem das características de cada aplicação.

A tabela abaixo compara algumas características em relação ao tipo de reforço do tubo.

Propriedades	Aramida	Aço	Fibra de Vidro
Resistência	Alta	Média	Alta
Carregamento Cíclico	Excelente	Excelente	Pobre
Ambiente aquoso	Excelente	Bom	Pobre
CO2 / H2S	Bom	Pobre	Bom
Impacto (rápido)	Bom	Bom	Pobre

Estes tubos são fornecidos em bobinas, o que reduz custo com o manuseio e transporte de grande volume de tubulação.

Em cada extremidade de cada tubo, é instalado um conector metálico, atendendo aos requisitos da norma ASME B 16.5. O processo de instalação do conector é feito por intermédio de prensagem, onde cada fabricante desenvolveu o seu próprio método e ferramental adequado.

O ferramental, via de regra é de fácil transporte e operação, pois, esta solução fora desenvolvida para trabalhos ou serviços no campo.

APLICAÇÃO

A parte interna do tubo é denominada de *Liner* e a sua principal função é atuar como barreira química, visto que, se encontra em contato com o fluído a ser transportado.

Esta característica de atuar como barreira química, possibilita a sua aplicação nos mais diferentes tipos de serviços.

Esta tecnologia tem duas grandes aplicações na indústria de óleo e gás, sendo a primeira relacionada ao escoamento da produção de campos terrestres, devido a sua facilidade e rapidez na instalação e a segunda aplicação seria utiliza-lo como *Down Hole Tubing* na produção de poços terrestres.

Estes tubos também têm grande aplicação em situações em que a resistência à corrosão é elevada, e onde há dificuldade na logística para a instalação de grandes extensões de tubulação, como em terrenos alagados, áreas de mata ou floresta.

O fornecimento em bobinas, permite a redução do número de conexões e consequentemente mão de obra de instalação, soldagem e inspeção.

Esta característica se aplica nos cenários de produção antecipada de poços exploratórios terrestres e produção de poços intermitentes onde não tem tubulação para escoamento da produção.

Os tubos RTPs podem ser lançados diretamente sobre o solo, enterrados em valas com 1,5 metros de profundidade e em áreas alagadas.

CARACTERÍSTICAS TÉCNICAS

Os tubos RTP são disponibilizados na faixa de diâmetro de ½" até 8", com pressões máximas de projeto de 300 a 3000 psi.

RECOMENDAÇÕES DE MANUTENÇÃO E INSPEÇÃO

Os fabricantes indicam pouca necessidade de manutenção durante a vida útil da tubulação.

Entretanto, algumas recomendações mínimas devem ser seguidas, a saber:

Manuseio – Não utilizar cabos de aço para manuseio e nem ferramentas que possam danificar a capa.

Inspeção – Algumas orientações sobre inspeção.
- Sempre que houver qualquer condição de operação fora das Inspeção visual da capa e conectores a cada 5 anos;

- Sempre que houver um erro operacional, o qual leve a pressão do tubo a alcançar 110 % da pressão máxima de operação;
- Sempre que houver movimento involuntário do tubo ou carregamento anormal;
- Sempre que o tubo for rebobinado e armazenado para futura reutilização.

Tubos de Produção e Revestimento

Na indústria de Óleo & Gás os tubos utilizados na exploração de um poço são conhecidos como OCTG *(Oil Country Tubular Goods)* e devem atender a norma API 5CT e a ISO13680 para aços resistentes à corrosão.

Os tubos OCTG são classificados como tubos de produção e de revestimento e unidos através de conexões roscadas, ou seja, da conexão da cabeça do poço ao reservatório.

Neste capítulo abordaremos as conexões API e as PREMIUM, devido a sua grande aplicação e importância na exploração.

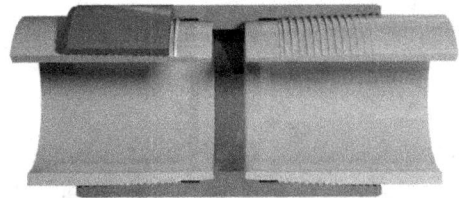

Figura 24 - Premium HUNTING SEAL-LOCK – HPHT for CRA Material

As roscas utilizadas para estas conexões são definidas pela norma API 5CT, onde citamos a rosca *Buttress*, a Short-Round e Long Round dentre outras.

O padrão de rosca definido pelo API 5CT deve atender aos requisitos do API 5B - *Specification for Threading, Gauging and Thread Inspection of Casing, Tubing and Line Pipe Threads*.

Em virtude da complexidade existente na exploração de um poço de hidrocarbonetos, onde a especificação das roscas API não atende, algumas empresas desenvolveram a sua própria conexão, a fim de atender as necessidades do mercado.

As soluções desenvolvidas a partir de rosca API *Buttress* modificada são conhecidas como Roscas Premium.

Em relação ao manuseio e uso dos tubos de Revestimento e Produção deve ser utilizada a norma API RP 5C1 e os procedimentos e prática para testes de conexões em tubos de Revestimento e de Produção, deve ser seguido o especificado na norma API RP 5C5 ou ISO 13679.

As roscas fabricadas em consonância com a norma API 5CT devem ser calculadas conforme a norma API RP 5C3 e devem garantir ao menos as seguintes propriedades:

- Resistência à pressão interna
- Resistência ao colapso;
- Boa resistência a esforços axiais;
- Capacidade de suportar pelo menos o torque mínimo especificado;
- Ser aprovada no teste hidrostático;
- Atender ao dimensional estabelecido e dentro das tolerâncias especificadas;
- Boa resistência ao vazamento;

Identificação Dos Tubos Roscados – API 5 CT

Os tubos produzidos em conformidade com o API 5CT devem atendem aos requisitos de conexões através do API 5B, podendo ter as suas extremidades definidas como com UPSET ou sem UPSET, além de poder ser rosqueados ou não.

O API 5CT estabelece um regramento para a identificação de tubulares, conforme as figuras abaixo

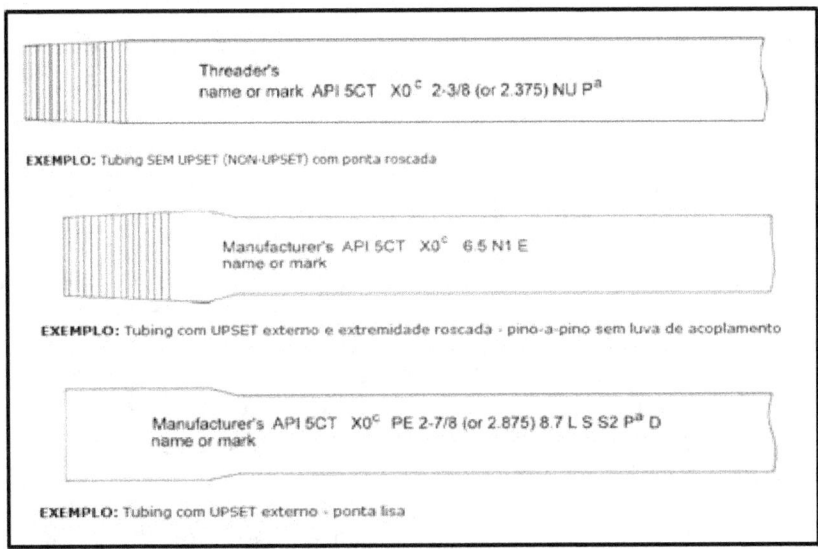

Figura 25 - Identificação conforme API 5CT

A forma de interligação entre duas seções tubulares ou entre dois tubos é a realizada por intermédio de roscas.

Para esta interligação, os tubos são rosqueados e unidos por uma luva, vide figura abaixo ou por união direta, onde uma extremidade do tubo possui rosca interna, que é também definida como CAIXA (BOX) e a outra extremidade com rosca externa, também denominada de PINO (PIN).

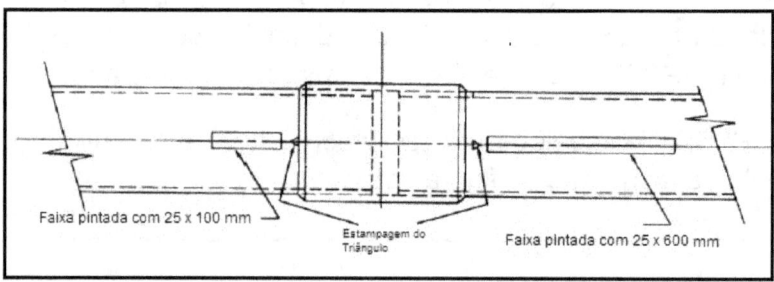

Figura 26 - Exemplo união T&C

A identificação é definida pela API 5CT e complementada pelo API 5B.

A norma API 5CT define a estampagem de um triângulo equilátero, cuja posição na peça é determinada pelo API 5B.

Esta marcação ou identificação é de vital importância, pois, permite visualizar se o conjunto PINO e CAIXA, ou PINO e LUVA estão dentro do grau de interferência esperado é a marcação do triângulo.

Isto significa que quando após o make-up da luva com o pino, o comprimento da luva não cobrir o triângulo, temos uma interferência muito maior do que o esperado, menor comprimento de acoplamento entre o pino e a caixa.

E se por outro lado, após o make-up, o comprimento da luva ultrapassar a marcação do triângulo, significa que a interferência pino/luva está abaixo do esperado, implicando em torque menor do que o especificado.

Conexões Roscadas - Tubos OCTG

Neste capítulo, trataremos das conexões roscadas aplicadas em tubos OCTG.

As conexões servem para fazer a união entre tubos, sejam eles Tubos de Produção ou Tubos de Revestimento, os quais irão compor a linha de descida ou *sting* para a completação do poço.

As conexões são normatizadas pela norma API 5B para o caso das conexões API, sendo de domínio público e as conexões Semi-Premium e Premium que são conexões proprietárias.

As conexões são projetadas para atender a uma determinada solicitação ou condição de operação, assim, é importante que o usuário saiba ou conheça as condições nas quais a conexão estará submetida, a fim de selecionar a que melhor atenda às suas necessidades.

CONEXÕES API (API 5B)

O API 5CT e API 5B apresentam os seguintes perfis de rosca.

- *Line Pipe Thread* (LPT) – Conexão em que a rosca possui formato em "V", com ângulo de 60° entre flancos. A crista da rosca possui um chanfro paralelo à conicidade.

Tubulação Aplicada na Indústria de Óleo e Gás

- *Round Thread* – Conexão com a rosca semelhante à da conexão LPT, porém com um filete no lugar do chanfro para evitar o fenômeno de galling;
  - Short Round Thread;
  - Long Round Thread;

- *Buttress Thread* – Conexões cujas roscas são projetadas para resistirem a esforços axiais, tanto de tração quanto de compressão;

- *Extreme Line Thread* – Conexão com vedação metal-metal;

A conexão Buttress é das conexões API uma das mais utilizadas na indústria de Óleo e Gás, tanto para exploração *Onshore,* quanto na exploração Offshore, pois, esta conexão é referencia para o projeto de conexões Premium.

Conexões Proprietárias

As conexões proprietárias são projetadas por empresas especializadas, as quais adotam como parâmetro para a validação de seu projeto de rosca, os requisitos das normas API 5C5 ou ISO13679, pelo menos.

Cabe a empresa projetista preparar toda a documentação técnica, bem como os ensaios de qualificação.

As conexões se tipificam como: PREMIUM, Semi-Premium, Integral, T&C, Flush e Semi-Flush.

PREMIUM – São conexões com vedação metal-metal e aplicadas para vedação de gás e oriundas da rosca Buttress.

Semi-PREMIUM – São conexões sem vedação metal-metal e aplicadas para vedação em água.

Integral – São conexões em que a luva ou acoplamento ou caixa é roscada diretamente no tubo.

T&C (Threaded and Coupled) – São conexões em que a luva ou acoplamento é fabricada a partir de um tubo.

Tubulação Aplicada na Indústria de Óleo e Gás

ELEMENTOS DE UMA CONEXÃO

Entendemos como conexão toda forma de união entre dois tubos.

A união entre dois tubos feita por intermédio de uma luva ou caixa são denominadas T&C (Threaded and Coupled) conforme a figura abaixo.

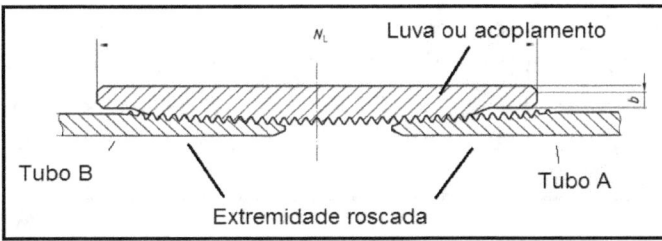

Figura 27-Extremidade roscada – Caixa e Pino

E quando a união roscada é feita diretamente entre os dois tubos, elas são denominadas **Integral Joints**, conforme a figura abaixo.

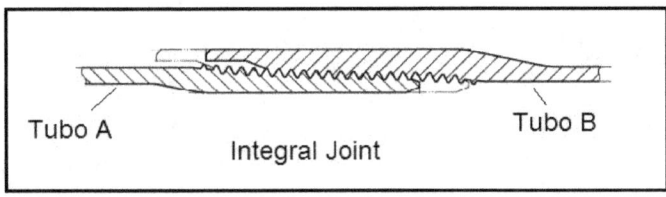

Figura 28- Integral-joint

ROSCAS PREMIUM

As roscas PREMIUM são roscas desenvolvidas por empresas especializadas fabricantes de tubos ou por empresas especializadas no projeto de conexões, e a sua origem é a rosca API Buttress.

Estas roscas se distinguem das roscas API pelo seu design e atendimento normativo.

Estas roscas proprietárias ou PREMIUM devem atender aos requisitos normativos da norma ISO 13679 ou API 5C5 e enquadradas nas condições específicas destas normas.

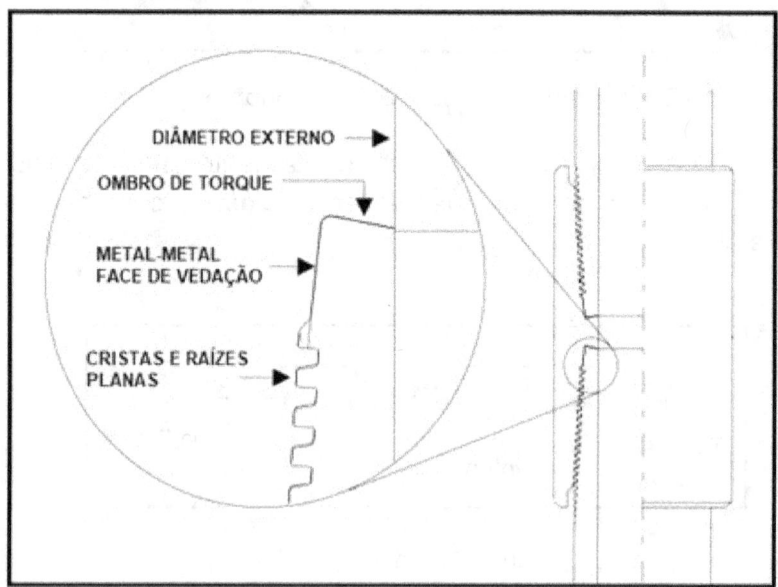

Figura 29 - Esquema de conexão PREMIUM T&C (Thread and Coupling)

COMPONENTES CARACTERÍSTICOS DE UMA CONEXÃO

As figuras abaixo trazem as principais características de uma conexão Premium.

Pino – Caixa – Possui uma região de vedação metal-metal, bolsão onde a graxa se situa e o ombro da conexão.

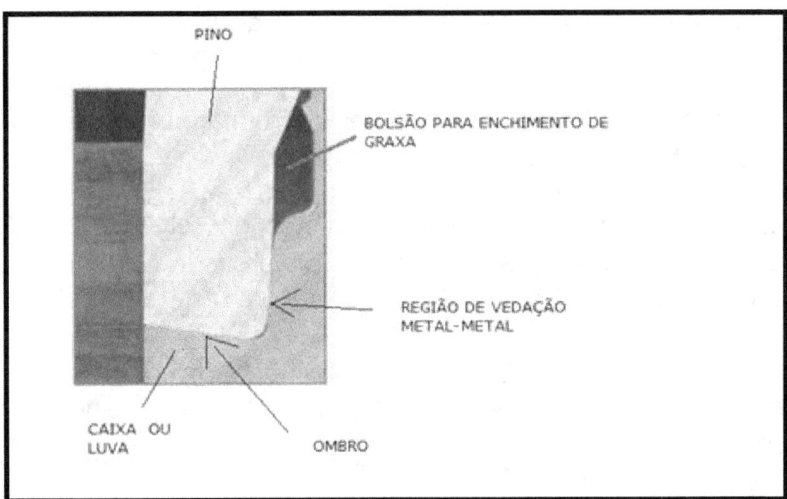

Figura 30- Conexão T&C - componentes

- **Folga entre os filetes do pino e caixa**

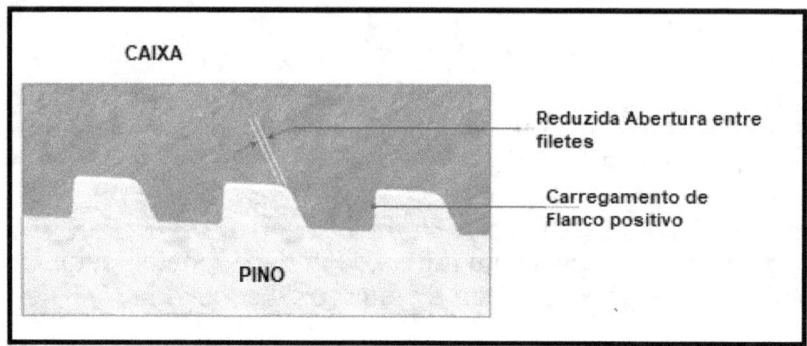

Figura 31 - Folga entre os filetes do pino e da caixa

Em função da geometria dos filetes de rosca, podemos obter as seguintes informações:

- Quanto menor a folga entre os filetes do PINO e CAIXA, denominado STABBING FLANK, maior a resistência às cargas compressivas.

- Quanto menor a folga entre os filetes do PINO e CAIXA, denominado STABBING FLANK, maior a resistência ao *Galling* .

- Quando o ângulo de carregamento (*Load Flank Angle*) for negativo, a capacidade de resistência a tração e à flexão aumentam e a condição de vedação (*gas seal*) se mantém inalterada.

- **Ângulo do ombro (φ)**

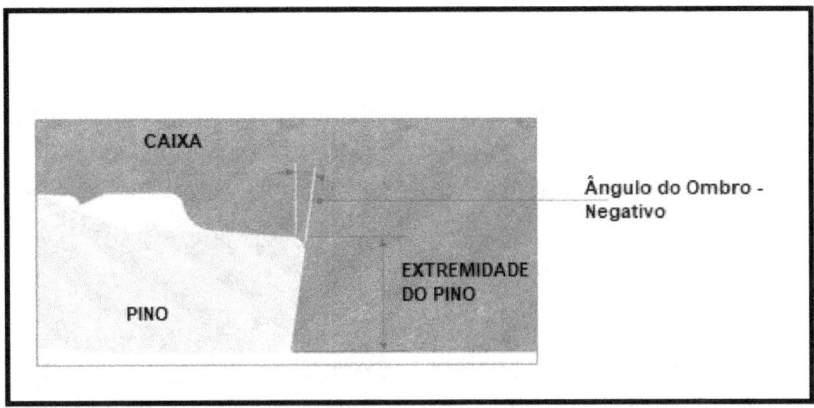

Figura 32 - Ângulo do ombro

Ângulo do Ombro < 0 °

- o Aumenta a capacidade de torque na região do ombro;
- o Aumenta a capacidade de vedação metal-metal;
- o Aumenta o nariz do pino.

- **Conicidade** – A conicidade é a inclinação entre o eixo da geratriz do tubo ou CASING com o eixo da geratriz do *Diametral Pitch,* denominado *Pitch Line* do acoplamento ou COUPLING.

A conicidade das roscas de acordo com o API 5B é de ¾" por 1 pé de comprimento.

USINAGEM DE ROSCAS (Casing,Tubing e Coupling)

As roscas deverão ser usinadas por processo que garanta as dimensões, a precisão, o acabamento superficial, e as tolerâncias necessárias para a performance esperada pela conexão.

Deve-se observar no procedimento de usinagem das roscas, seja no pino ou na caixa, a frequência em que se faz o "dressing", ou seja, a inspeção completa da peça usinada.

É praxe da indústria a inspeção da primeira peça do lote de fabricação ou turno de trabalho, e as demais somente são inspecionadas com o calibre passa-não-passa.

Gostaríamos de destacar, quão importante é o **Controle Estatístico de Processo**, pois, esta é a ferramenta de Gestão da Qualidade, que irá assegurar a consistência e robustez do processo de usinagem e que as roscas usinadas estarão sempre dentro do mesmo padrão.

Algumas indústrias adotam como praxe, no que diz respeito ao controle dimensional das roscas, a execução de inspeção completa, somente, quando for início de turno de trabalho ou quando houver a substituição da ferramenta de corte ou inserto de usinagem.

Tal ação pode permitir a aceitação de peças usinadas fora do padrão estabelecido, ou seja, mesmo estando ruins serão aceitas como boas. É importante que o fabricante faça uma inspeção completa em intervalos inferiores ao da troca de turno ou da troca ou afiação da ferramenta.

As roscas devem ser usinadas com tal precisão de forma, dimensões e com acabamento superficial tal que permita uma união bem ajustada, quando esta conexão for submetida ao aperto por máquina e usando graxa apropriada.

As graxas devem atender ao menos os requisitos de performance estabelecidos na norma API RP 5A3 *Recommended Practice on Thread Compounds for Casing, Tubing and Line Pipe*.

Qualificação de conexões

As conexões utilizadas para a união de tubos OCTG, sendo eles Tubos de Produção ou Tubos de Revestimento, devem ser submetidas a um protocolo de testes de acordo com os critérios da norma ISO13.679 ou API RP 5C5.

Estes protocolos têm por finalidade balizar os procedimentos laboratoriais mínimos para qualificar conexões de produção e revestimento de poços de petróleo.

As conexões deverão ser qualificadas, no mínimo, através de ensaios físicos similares aos descritos nos diferentes níveis de qualificação (CAL) descritos nos documentos ISO 13679, API RP 5C5:2017 ou protocolo do comprador.

Em caso de apresentação de qualificação por similaridade, ou seja, em que não seja realizado os protocolos completos das normas supracitadas, o comprador aceitará ou não os testes apresentados.

Em caso de o comprador não possuir critérios próprios e o fornecedor da conexão não tiver executado o protocolo completo da norma, apresentamos a baixo os CRITÉRIOS MÍNIMOS PARA ACEITAÇÃO de testes de qualificação.

Entretanto, primeiro se faz necessário algumas definições para o melhor entendimento.

Definições:

Linha de produto: conjunto de produtos que foram desenhados com critérios de desenho em comum, tais como: formato de rosca, conicidade, altura de rosca, conicidade do selo, ângulo do ombro (*shoulder*), etc. conforme descrito em API 5C5

Teste "*full scale*": teste que atenda o protocolo completo da ISO 13679 ou API 5C5.

Teste base: teste full-scale em uma determinada configuração (diâmetro, peso linear e metalurgia) que serve como referência para qualificação de outras configurações de tubo.

Matriz de testes

As normas ISO 13.679 e API RP 5C5 definem uma série de testes, sob as quais as conexões deverão ser submetidas, sempre relacionadas ao Nível de Avaliação da Conexão ou *Connection Assessement Level* (CAL).

Nesta matriz as conexões são submetidas a carregamentos dentro dos quadrantes do estado plano de tensões e validadas pela equação de Von Mises característica, definido como o envelope de testes da conexão.

A figura abaixo representa uma conexão que tem como propriedade uma resistência de 95% à compressão e 100% à tração em relação ao valor calculado pela equação de Von Mises.

Não podemos nos esquecer, que a avaliação da conexão está estritamente ligada a metalurgia do tubo e de suas propriedades mecânicas.

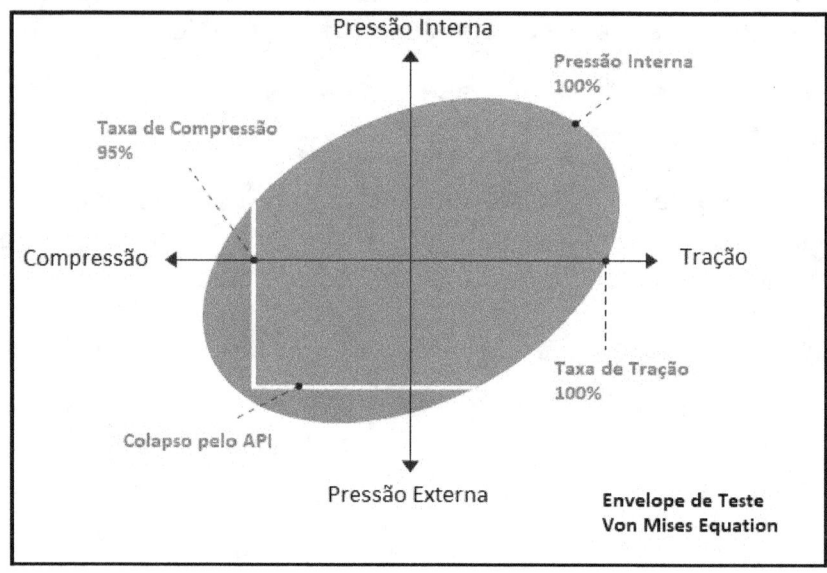

Figura 33 - Envelope de Testes conforme ISO 13679 - VME

Nível de Avaliação da Conexão - CAL

As normas ISO 13679 e o API RP 5C5 definem o número de corpos de prova a serem testados, em função do *Connection Assessement Level* (CAL) ou Nível de Avaliação da Conexão, cujo objetivo é determinar a performance de uma conexão em função das diversas condições de trabalho e operação a que estarão sendo submetidas.

Entretanto, para casos específicos ou não cobertos pelas normas supracitadas, o desenvolvimento de um protocolo é aceitável.

A norma ISO 13679:2002 estabelece seis níveis de avaliação de uma conexão, partindo da mais rigorosa para a mais branda, ou seja, do CAL IV ao CAL I.

A seguir exemplificaremos os dois Níveis de Avaliação mais rigorosos, a saber:

1- Connection Assessement Level IV – CAL IV

O CAL IV é composto de cinco corpos de prova e é considerado o plano de teste mais rigoroso da norma, isto é, conexões aprovadas em CAL IV podem ser utilizadas em projetos que exijam CAL III, CAL II ou CAL I.

A matriz de teste expõe a conexão a carregamento cíclico, incluindo pressão interna, pressão externa, tração, compressão, flexão em temperatura ambiente e a temperatura de 180 °C

As conexões são submetidas a ciclos térmicos com aproximadamente 77 horas acumulativas de carregamentos com gás a temperaturas de 180°C.

O teste de Carga Limite é executado até a falha em todos os quatro quadrantes do diagrama de carregamento de pressão.

2- **Connection Assessment Level III – CAL III** (5 corpos de prova)

CAL III também é um teste rigoroso, porém, menos rigoroso do que o CAL IV.

A matriz de teste expõe a conexão a carregamento cíclico, incluindo pressão interna, pressão externa, tração, compressão, flexão em temperatura ambiente e a temperatura de 180 °C

As conexões são submetidas a ciclos térmicos com aproximadamente 45 horas acumulativas de carregamentos com gás a temperaturas de 180°C.

O teste de Carga Limite é executado em dois corpos de prova, que são levados até a falha somente no primeiro quadrante do diagrama de carregamento de pressão.

Os demais CAL III-A, CAL II, CAL I-E e CAL-I são menos rigorosos.

CORPOS DE PROVA E SEUS OBJETIVOS

As normas ISO13679 e a API 5C5 estabelecem os objetivos de cada corpo de prova ou espécime usado nos testes para Avaliação do Nível de Aceitação ou *Connection Assessement Level*.

Esta informação é extremamente importante para o profissional a frente do projeto de qualificação de conexões por duas razões principais, a primeira razão é técnica e a segunda econômica, visto que, um teste de qualificação em CAL IV pode custar mais de um milhão de dólares por bitola testada.

Desta forma, o técnico ou profissional que está à frente do processo de qualificação ou seleção de uma conexão para seu projeto, uma vez de posse destas informações poderá selecionar os corpos de prova mais significativos e adequados a sua aplicação.

Corpo de Prova	Propósito do Make-Up	Propósito do Teste de Carga	Limite do teste de carregamento
			Objetivo do teste
1	Desgaste da rosca	Mínimo vazamento	Tração até a falha
2	Desgaste da rosca	Mínimo vazamento	Carregamento combinado 50% em compressão com pressão externa até a falha
3	Vedação e tendência ao desgaste da rosca	Mínimo vazamento	Carregamento combinado 95% da pressão interna com tração até a falha
4	Tração axial máxima no PINO	Máxima resistência ao	Carregamento combinado 70% da pressão interna

			vazamento quando em aperto (Make-Up)	com compressão até a falha
5		Máxima tensão circunferencial na CAIXA	Máxima resistência ao torque (Make-Up)	Carregamento combinado 50% de tração com pressão até a falha

Em algumas situações particulares, a necessidade de se desenvolver um protocolo próprio para uma determinada aplicação é um desafio, onde a primeira consideração a ser feita é definição do corpo de prova a ser utilizado no teste e o que queremos avaliar com os testes de conexão.

A tabela abaixo, traz os corpos de prova selecionados para atender a uma qualificação CAL IV em metalurgia Super Duplex, aplicadas a tubos de revestimento.

Neste cenário, selecionamos os corpos de prova cujas interferências fossem mais significativas para a aplicação.

Desta forma, procuramos especificar as interferências mais importantes entre PINO e CAIXA, conforme a Tabela 2 abaixo:

Tabela 2 - Corpo de Prova versus interferências

Corpo de Prova	Rosca	Selo	Pino	Caixa
1	Extra Alta (XH)	Extra Baixa (XL)	Rápida (Fast)	Lenta (Slow)
2	Baixa (L)	Alta (H)	Rápida (Fast)	Lenta (Slow)
3	Baixa (L)	Baixa (L)	Lenta (Slow)	Rápida (Fast)
4	Alta (H)	Alta (H)	Rápida (Fast)	Lenta (Slow)

CRITÉRIOS MÍNIMOS DE ACEITAÇÃO

Uma das principais questões é o critério a ser adotado para a aceitação dos testes.

As normas ISO 13.679 e a API RP 5C5 trazem em seu bojo os critérios para a aceitação da conexão em Teste *Full Scale* para a qualificação de conexão Premium, as quais devem ser usadas preferencialmente.

Entretanto, para uma primeira análise da performance da conexão, o comprador poderá solicitar ao fabricante da conexão no mínimo as informações abaixo:

CAL I E (gás):

- Testes de selabilidade:
- Testes série B, conforme ISO 13679(2002)
- Testes série A, conforme ISO 13679(2002)
- Utilização de gás para pressão interna
- Uma configuração de baixa interferência de selo (H-L ou L-L) deve ser testada
- Make & Break
- Mínimo de 3 make & break em uma mesma conexão

CAL II:

- Testes de selabilidade:
- Testes serie B, conforme ISO 13679(2002)
- Testes Série C à 135°C, conforme ISO 13679(2002)
- Configurações de interferência de rosca-selo devem ser testadas (H-L, L-L, H-H, L-H), podendo ser utilizada duas configurações em um mesmo corpo de prova
- 2 configurações PSBF: L-L e H-H;
- 2 configurações PFBS: H-L e L-H;
- Make & Break
- Mínimo de 3 make & break em uma mesma conexão

CAL III:

- Testes de selabilidade:
- Testes série A, conforme ISO 13679(2002)
- Testes série B, conforme ISO 13679(2002)
- Testes série C a 135°C, conforme ISO 13679(2002)
- Utilização de gás para a pressão interna e água para pressão externa
- Configurações de interferência de rosca-selo devem ser testadas (H-L, L-L, H-H, L-H), podendo

ser utilizada duas configurações em um mesmo corpo de prova:
- 2 configurações PSBF: L-L e H-H;
- 2 configurações PFBS: H-L e L-H;
- Uma amostra de baixa interferência de selo (H-L ou L-L) deve passar seguidamente pelos testes série A, B e C.
- Make & Break
- Mínimo de 3 make & break em uma mesma conexão

CAL IV

- Testes de selabilidade:
- Testes série A, conforme ISO 13679(2002)
- Testes série B, conforme ISO 13679(2002)
- Testes série C a 180°C, conforme ISO 13679(2002)
- Utilização de gás para a pressão interna e água para pressão externa
- configurações de interferência de rosca-selo devem ser testadas (XH-XL, L-L, H-H, XL-XH), podendo ser utilizada duas configurações em um mesmo corpo de prova:
- 2 configurações PSBF: L-L e H-H;
- 2 configurações PFBS: XH-XL e XL-XH;
- Uma amostra de baixa interferência de selo (H-L ou L-L) deve passar seguidamente pelos testes série A, B e C.
- Make & Break

- Mínimo de 3 Make & Break em uma mesma conexão
- Mínimo de 1 FMU em uma amostra.

Os testes séries A, B e C da ISO 13679:2002 acima solicitados poderão ser substituídos por testes da API 5C5:2017 e drafts posteriores a versão da ISO 13679:2002, por serem mais severos.

MÉTODOS DE QUALIFICAÇÃO

Testes de selabilidade para cada configuração de tubo (diâmetro e peso linear)

- Teste full scale

Teste base *Full Scale* na mesma linha de produto mais protocolo de teste físico reduzido baseado nas normas ISO 13679:2002 ou API 5C5:2017 realizado na configuração de tubo solicitada.

- Interpolação: Teste base em dois tubos de referência (um de diâmetro maior e outro menor que o solicitado) + FEA.

Os tubos de referência e o tubo a ser qualificado devem estar em um mesmo intervalo dimensional entre os listados abaixo:

- 5 1/2" a 7 5/8"
- 7 5/8" a 10 3/4"
- 9 5/8" a 13 5/8"
- 11 3/4" a 16"
- 13 3/8" a 18"
- 18" a 22"

E a espessura do tubo a ser qualificado ou o seu peso por metro deverá estar dentro do intervalo das espessuras qualificadas.

Pelo menos um dos tubos de referência apresentados deverá possuir envelope com resistências (colapso, tração, compressão e pressão interna) superiores ao do tubo a ser qualificado.

- Em relação à metalurgia

O teste apresentado preferencialmente deve ter sido realizado em aço com o mesmo limite de escoamento solicitado e na mesma metalurgia.

Conexões validadas em metalurgia supermartensítica (SMSS 13Cr) podem validar aços carbono com mesmo limite de resistência ou limite de resistência inferior ao SMSS, o inverso não é válido.

Conexões validadas em metalurgia SDSS (25Cr) podem validar aços SMSS, aços carbono com mesmo limite de resistência ou limite de resistência inferior ao SDSS, o inverso não é válido.

No caso de não existir teste no limite de escoamento solicitado em uma determinada configuração de tubo, é permitido ao fornecedor:

- Apresentar adicionalmente um teste na mesma linha de produto em um limite de escoamento superior, com envelope de resistência que supere os valores mínimos de resistência do tubo a ser qualificado.

No caso de só haver testes em um limite de escoamento inferior deverá ser tratado como um caso de interpolação especial, ou seja, deverá apresentar evidências de FEA (*Finite Element Analisys*) e análise de linha de produto que atestem a validade do envelope apresentado para atendimento as resistências solicitadas pela empresa contratante do serviço.

Testes em tubos inoxidáveis martensíticos (MSS), supermartensíticos (SMSS) e superduplex (SDSS) poderão ser utilizados para validar tubos em aço carbono.

Para testes em aço carbono validar tubos SMSS devem ser apresentados testes de *Make & Break* em tubos SMSS na mesma linha de produto ofertada e no limite de escoamento solicitado pelo comprador.

Não poderá ser utilizado testes em aço carbono, MSS ou SMSS para validar tubos SDSS.

Conexões SPECIAL CLEARANCE

Serão aceitos testes físicos com luva regular para qualificar conexões *Special Clearance*. O contrário também é válido.

Tubos High Colapse

O envelope de teste apresentado para esses tubos deve cobrir os valores de resistência do tubo solicitado, ou seja, deve contemplar os valores de colapso acima do API. Não será aceito teste em tubos com resistência padrão para validar tubos *high colapse*.

Introdução à Metalurgia

Na indústria da Construção Naval, Offshore e Mecânica, o aço é um material com larga utilização devido as suas propriedades. Entretanto, outros materiais também fazem parte deste processo, tais como, cobre, latão, monel e os materiais compósitos.

Definimos o AÇO como sendo uma liga Ferro-Carbono que contém cerca de 2% de Carbono, na prática este percentual varia de 0.05% a 1.7%C, apresentando também pequenas porcentagens de silício, manganês, fósforo e enxofre na sua essência, além de outros elementos.

Na composição química do AÇO, o ferro – Fe - é o elemento mais importante, seguido do carbono – C, sendo este, o elemento determinístico do aço, pois, o seu percentual define o tipo de aço a ser produzido.

O aumento do teor de carbono promove alteração nas propriedades mecânicas, resultando no aumento da dureza e na resistência à tração e com a consequente diminuição da ductilidade.

ELEMENTOS DE LIGA E SUAS IMPLICAÇÕES NAS PROPRIEDADES DOS AÇOS

A adição de elementos químicos na elaboração dos aços, tem por finalidade melhorar as propriedades mecânicas ou até mesmo alguma característica metalúrgica.

Estes de elementos químicos, são denominados de elementos de liga.

Dentre os elementos de liga encontrados na natureza, destacamos os listados a abaixo e a sua influência nas propriedades do AÇO.

Silício – Si - torna o aço mais duro e tenaz, evita a porosidade, remove os gases, os óxidos, as falhas e vazios na massa do aço.

Fósforo – P – quando em teor elevado torna o aço frágil e quebradiço, motivo pelo qual se deve reduzi-lo ao mínimo.

Enxofre – S – é um elemento prejudicial ao aço, se agrega ao Fe, formando FeS. Diminui a resistência mecânica do aço.

Alumínio – Al – é um elemento utilizado como desoxidante dos aços.

Cromo – Cr – este elemento aumenta à resistência à corrosão, melhora a resistência mecânica em altas temperaturas e a resistência ao desgaste.

Manganês – Mn – Aumenta a dureza do aço.

Molibdênio – Mo – Melhora a resistência à corrosão dos aços inoxidáveis, aumenta a resistência à fragilidade no revenido, aumenta a resistência mecânica em alta temperatura e a dureza.

Níquel – Ni – Melhora a resistência à tenacidade.

A tabela abaixo apresenta a influência de cada elemento da composição química do aço nas suas propriedades.

Tabela 3 - Elemento químico versus propriedades

Influência na propriedade	Elemento									
	C	Mn	P	S	Si	Ni	Cr	Mo	V	Al
Aumento da resistência	x	x	x		x				x	
Aumento na dureza	x	x	x		x					
Aumento na tenacidade						x				
Redução na dutilidade	x		x	x						
Aumento da resistência em altas temperaturas								x		
Aumento da temperabilidade							x	x		
Ação Desoxidante		x			x					x
Aumento da resistência à corrosão							x			
Aumento da resistência à abrasão							x			
Redução da soldabilidade	x									

O aço ao ser produzido contém impurezas e gases, que são indesejados. Para tanto, utiliza-se da adição de desoxidantes que reagem com o OXIGÊNIO, removendo todo o gás retido na massa de aço a ser processada.

Este processo de desoxidação é realizado com a adição de ALUMÍNIO ou SILÍCIO, cujo resultado são aços acalmados ao alumínio ou ao silício.

Os aços podem ser classificados de acordo com a sua composição química, sendo designados como AÇO CARBONO, AÇO LIGA e AÇO RESISTENTE A CORROSÃO ou AÇO INOXIDÁVEL.

Os aços são identificados através da sua nomenclatura definida pela norma sob a qual foi produzido.

A nomenclatura definida pela SAE – Society of American Engineer é bem conhecida pela sua facilidade de identificar o aço produzido.

As entidades ASTM – Americam Society of Testing Materials , a API – American Petroleum Institute também são muito utilizadas na indústria de Óleo e Gás,

Na tabela abaixo, representaremos a nomenclatura SAE.

Tipos de aços	Número AISI ou SAE	Composição do Aço
Carbono	10xx	Aço-Carbono simples
	11xx	Aço-carbono (ressulfurado, teor de S controlado)
	13xx	Manganês (1,5% - 2,0%)
Níquel	20xx	Níquel (0,50%)
	21xx	Níquel (1,50%)
	23xx	Níquel (3,25% - 3,75%)
	25xx	Níquel (4,75% - 5,25%)
Ni-Cr	31xx	Níquel (1,10% - 1,40%), Cromo (0,55% - 0,90%)
	31xx	Níquel (1,25 %), Cromo (0,65%)
	33xx	Níquel (3,25% - 3,75%), Cromo (1,40 % - 1,75%)
Molibdênio	40xx	Molibdênio (0,20% - 0,30%)
	41xx	Cromo (0,40% - 1,20 %), Molibdênio (0,08 % - 0,25 %)
	43xx	Níquel (1,65% - 2,00%), Cromo (0,40%- 0,90%),Mo (0,20-0,30%)
	46xx	Níquel (1,40-2,00%), Molibdênio (0,15 – 0,30%)
	48xx	Níquel (3,25-3,75%), Molibdênio (0,20 – 0,30%)
Aços ao Cr	51xx	Cromo (0,70 – 1,20 %)
Aços Cr-Vn	61xx	Cromo (0,70 – 1,00 %), Vanádio (0,10%)
Ni-Cr-Mo	81xx	Níquel (0,20- 0,70%), Cromo (0,30 – 0,55%), Molibdênio (0,08 – 0,15%)
	86xx	Níquel (0,30- 0,70%), Cromo (0,40 – 0,85%), Molibdênio (0,08 – 0,25%)
	87xx	Níquel (0,40- 0,70%), Cromo (0,40 – 0,60%), Molibdênio (0,20 – 0,30%)
Aços Silício	92xx	Silício (1,80 –2,00 %)

Legenda:

XX – teor de carbono em centésimos por cento 0,XX%).

B – Prefixo para aço produzido em forno Bressemer

C – Prefixo para aço produzido em forno Siemens-Martin

E – Prefixo para aço de forno elétrico.

Exemplo:

Aço SAE 1045 – Contém 0,45% de Carbono

Aço SAE 8620 – Aço ao Níquel, Cromo e Molibdênio com 0,20% de Carbono.

Particularidades dos aços

Aços são ligas de Ferro-Carbono com propriedades mecânicas que possibilitam a sua utilização em diversos setores da indústria.

Dentre as propriedades mecânicas dos aços, pode-se citar a capacidade de resistir a esforços de tração e compressão, esforços cisalhantes, a grande capacidade de sofrer conformação, tanto a frio quanto a quente, capacidade de resistir à penetração, dentre outras

A composição química dos aços é caracterizada pelo percentual de carbono em até 2,0%, contendo pequenas porcentagens de manganês, fósforo, silício e enxofre em sua composição, além do ferro, naturalmente.

O enxofre, manganês e o silício formam a inclusões não-metálicas, que são indesejáveis para a produção de um aço de qualidade.

Outras inclusões não-metálicas são os silicatos, formados a partir do silício e que favorecem o aparecimento de microtrincas na estrutura do aço; e os sulfetos, formados a partir do enxofre, também favorecem ao aparecimento de trincas.

Outros elementos químicos são adicionados intencionalmente para melhorar algumas características do aço, com a finalidade de aumentar a sua resistência mecânica, sua ductibilidade, sua dureza, sua tenacidade, ou para facilitar algum processo de fabricação, como usinagem e forjamento.

Dentre os elementos mais comuns a serem incorporados, pode-se citar o manganês, o níquel, o cromo, o molibdênio, alumínio, dentre outros.

O alumínio é muito utilizado para "acalmar" o aço, com papel importante na eliminação de gases, evitando-se, assim, a formação de um defeito chamado de "dupla-laminação".

AS PROPRIEDADES DO AÇO CARBONO

As propriedades do aço são influenciadas pelo teor de Carbono e de outros elementos na liga.

Neste caso, devemos considerar o cálculo do CARBONO EQUIVALENTE (CEQ), que é definido pela seguinte fórmula:

$$CEQ = C\% + \frac{(Mn\% + Si\%)}{6} + \frac{(Cr\% + Mo\% + V\%)}{5} + \frac{(Cu\% + Ni\%)}{15}$$

Todo aço tem basicamente três propriedades de interesse na Engenharia, que são o Limite de Resistência, o Alongamento percentual e a Dureza.

O limite de escoamento e a tenacidade também são de grande interesse da Engenharia, dentre outros.

A figura abaixo, demonstra a influência do teor de carbono nestas três propriedades.

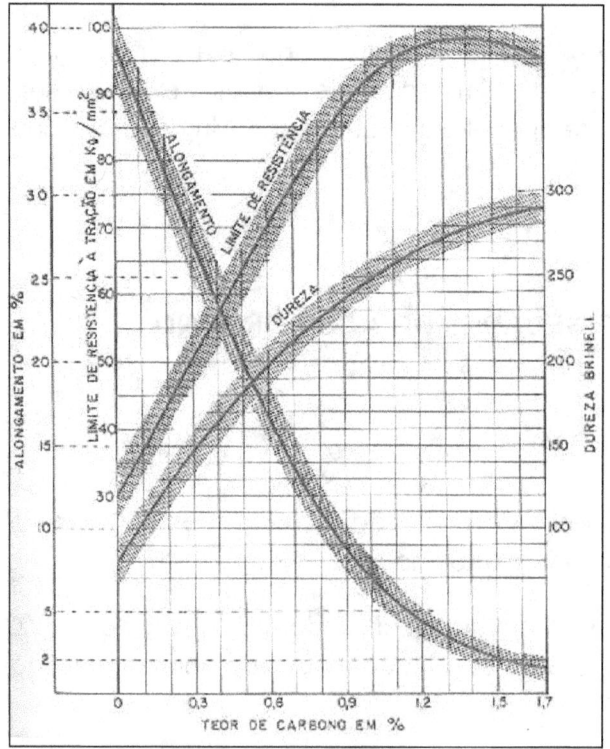

Figura 34- Teor de Carbono x Propriedades mecânicas

Da análise do gráfico ao lado, podemos observar que:

    a- O aumento do teor de Carbono reduz o alongamento;

b- O aumento do teor de Carbono aumenta o limite de resistência;
c- A dureza aumenta com o aumento do teor de Carbono.

CLASSIFICAÇÃO DOS AÇOS-CARBONO

Apresentaremos a seguir, a classificação dos aços quanto ao teor de carbono.

AÇOS DE BAIXO CARBONO

Os aços classificados de baixo teor de carbono têm a seguinte composição e característica:

Análise Química	Composição Química	Carbono - C <= 0,18%
		Manganês – Mn <= 0,90%
		Silício – Si < 0,1%
Propriedades Mecânicas	Limite Resistência	32 – 38 kgf/mm2
	Limite Escoamento	15 – 22 kgf/mm2
	Característica de Fabricação	Aços não acalmados ou semi-acalmados
Aplicação	Materiais fáceis de trabalho a frio e boa soldabilidade	

AÇOS DE MÉDIO CARBONO

Os aços classificados de médio teor de carbono têm a seguinte composição e característica:

Análise Química	Composição Química	Carbono - 0,18% < C <= 0,28% Manganês – Mn <= 1,00% Silício – Si < 0,1%
Propriedades Mecânicas	Limite Resistência	42 – 49 kgf/mm2
	Limite Escoamento	23 – 27 kgf/mm2
	Característica de Fabricação	Aços não acalmados ou semi-acalmados
Aplicação		Boa soldabilidade Mais difíceis de trabalho a frio Usados na fabricação de vasos de pressão e tubos de grande diâmetro

AÇOS COM ALTO TEOR DE CARBONO

Os aços classificados de alto teor de carbono têm a seguinte composição e característica:

Análise Química	Composição Química	Carbono – 0,85% < C <= 1,20%
Propriedades Mecânicas	Limite Resistência	59 – 78 kgf/mm2
	Limite Escoamento	45 – 57 kgf/mm2
Aplicação		Baixa soldabilidade Muito difícil de conformar Peças resistentes ao desgaste Usados na fabricação de trilhos, rodas ferroviárias, implementos agrícolas

AÇOS ESTRUTURAIS

AÇOS DE BAIXA LIGA E ALTA RESISTÊNCIA (BLAR)

Os aços microligados são especificados pela sua resistência mecânica, e não pela sua composição química. São desenvolvidos a partir dos aços de baixo carbono (como o ASTM A-36), com pequenas adições de Mn (até 2%) e outros elementos em níveis muito pequenos.

Estes aços apresentam maior resistência mecânica que os aços de baixo carbono similares, mantendo a ductilidade e a soldabilidade, sendo destinados às estruturas onde a soldagem é um requisito importante, assim como a resistência.

Para a área de tubulação pode-se destacar os aços API X60, X65, X70 e X80.

Na tabela abaixo, alguns exemplos de aços microligados, conforme a ASTM

AÇOS MICROLIGADOS		
CLASSIFICAÇÃO ASTM	LIMITE DE ESCOAMENTO (MPa)	ELEMENTOS DE LIGA
A 242	290 – 345	Mn, Cu, Cr, Ni
A 440	290 – 345	Mn, Cu, Si
A 572	290 – 450	Mn, Nb, V, N
A 588	290 – 345	Mn, Nb, Cu, Cr, Si, Ti
A 606	240 – 345	Mn
A 607	290 – 485	Mn, Nb, V, Ni, Cu
A 618	345	Mn, Nb, V, Si
A 633	320 – 410	Mn, V, Cr, N, Cu
A 656	550	Mn, V, Al, N, Ti
A 715	345 – 550	Mn, V, Cr, Nb, N

Tabela 4 - Aços microligados conforme a norma ASTM

AÇOS-LIGA

Denominamos como Aço-liga todos os aços que possuam em sua composição química qualquer quantidade de outros elementos, além dos já pertinentes a sua composição.

Os Aços-liga podem ser assim classificados:

- ➢ Aços de baixa liga – até 5% de elementos de liga
- ➢ Aços de média liga – de 5% a 10% de elementos de liga
- ➢ Aços de alta liga – mais de 10% de elementos de liga

AÇOS DE BAIXA E MÉDIA LIGA

Os aços mais comuns na indústria petroquímica são:

a) **Aços Molibdênio e Cromo-Molibdênio**

Consideramos estes aços como aqueles que contêm até 1% de Mo e até 9% de Cr, como seus elementos de liga principais.

Estes aços são magnéticos e de estrutura ferrítica

Os mais utilizados pela indústria de óleo e gás são:

Elementos de liga % Nominal	Observações
½ Mo	
1,25% Cr, 0,5% Mo	Grande Resistência a alta temperatura
2,25% Cr, 1% Mo	
5 % Cr, 0,5% Mo	Resistente a Corrosão a Alta Temperatura (São temperáveis. Devem sofrer revenimento)
7 % Cr, 0,5% Mo	
9 % Cr, 1 % Mo	

Os aços-liga podem ser subdivididos em dois grupos, a saber:

➢ Aços contendo até 2,5% de Cr

Estes aços se aplicam em serviços em altas temperaturas, onde os esforços mecânicos forem elevados e a corrosividade do meio moderada.

A sua principal aplicação é em tubulações de vapor, cuja temperatura esteja acima do limite de temperatura admitida para o aço carbono.

➢ Aços contendo mais de 2,5% de Cr

São indicados para serviços em temperaturas elevadas, com esforços mecânicos moderados e alta corrosividade do meio.

São aplicados em tubulações, tubos de trocadores de calor e equipamentos de pequeno e médio porte em serviços com hidrocarbonetos em temperaturas acima de 250°C

AÇO RESISTENTE À CORROSÃO (AÇO INOXÍDAVEL)

A oxidação é uma grande preocupação em construções metálicas e os engenheiros e todo o pessoal técnico envolvido, procuram evitar ou minimizar em seus projetos ou obras.

Para tanto, utilizam-se do **aço inoxidável**, que é uma liga de ferro e cromo, com o teor de cromo variando entre 13% a 27%, que tem alta resistência à oxidação.

Este aço inoxidável, pode conter também níquel, molibdênio e outros elementos. Ele apresenta propriedades físico-químicas superiores aos aços comuns.

A utilização do Cromo na liga do aço promove a reação do Oxigênio com o Cromo, formando uma camada protetora (passivadora), conforme demonstrado na equação que se segue.

$$Cr + 2O_2 + 2e^- \rightarrow (CrO_4)^{2-}$$

Os íons de $(CrO_4)^{2-}$ são adsorvidos pela superfície anódica, isolando-a, evitando, assim, as reações de oxidação.

Deve-se observar que na ausência de oxigênio, a reação $Cr \rightarrow Cr^{2+} + 2e^-$ pode ocorrer, levando a seguinte observação.

Aços que são passivos na presença de oxigênio ou ácidos na oxidantes como HNO_3 e H_2SO_4, podem se tornar ativos na presença de HCl, HF ou outros ácidos que não têm oxigênio.

Os aços inoxidáveis são classificados segundo a sua microestrutura, a saber:

- Ferríticos
- Austeníticos
- Martensíticos
- Duplex.

TIPOS DE AÇO INOXIDÁVEL

Como mencionado anteriormente, podemos classificar o aço inoxidável nos grupos: ferríticos, austeníticos, martensíticos.

As diversas microestruturas dos aços são função da quantidade dos elementos de liga presentes. Existem basicamente dois grupos de elementos de liga: os que estabilizam a ferrite (Cr, Si, Mo, Ti e Nb); e os que estabilizam a austenita (Ni, C, N e Mn).

As diferentes propriedades dos aços inoxidáveis são obtidas por composição química e um processamento termo-mecânico adequado.

APLICAÇÕES DOS AÇOS INOXIDÁVEIS

Austenítico (resistente à corrosão) – São aços que contêm 16% a 26% de Cr, 6% a 22% de Ni, além de eventualmente outros elementos de liga.

Devido a sua estrutura cristalina, os aços inoxidáveis austeníticos não são magnéticos. Eles também possuem grande dutilidade e elevado coeficiente de dilatação térmica, quando comparado com aços de estrutura ferrítica.

Os mais importantes são os seguintes:

Tabela 5 - Aços inoxidáveis austeníticos

Designação AISI	Composição Nominal (%)
304	$C \leq 0,08$; $Mn \leq 2$; $Si \leq 1$;
	$18 \leq Cr \leq 20$; $8 \leq Ni \leq 10,5$
309	$C \leq 0,08$; $Mn \leq 2$; $Si \leq 1$;
	$22 \leq Cr \leq 24$; $12 \leq Ni \leq 15$
310	$C \leq 0,08$; $Mn \leq 2$; $Si \leq 1$;
	$24 \leq Cr \leq 26$; $19 \leq Ni \leq 22$
316	$C \leq 0,08$; $Mn \leq 2$; $Si \leq 1$;
	$16 \leq Cr \leq 20$; $10 \leq Ni \leq 14$; $2 \leq Mo \leq 3$
321	$C \leq 0,08$; $Mn \leq 2$; $Si \leq 1$;
	$17 \leq Cr \leq 19$; $9 \leq Ni \leq 12$; $Ti \leq 0,7$
347	$C \leq 0,08$; $Mn \leq 2$; $Si \leq 1$;
	$17 \leq Cr \leq 19$; $9 \leq Ni \leq 13$; $Cb+Ta \leq 1,1$

Ferrítico - Tem a sua resistência à corrosão menor do que os aços austeníticos. São mais baratos por não conter níquel.

Em virtude de sua estrutura cristalina ser ferrítica confere a eles a condição de serem magnéticos.

Martensítico – Da mesma forma que os aços inoxidáveis ferríticos, eles são magnéticos, tem entre 12% a 30% de Cr e resistência à corrosão inferior aos aços inoxidáveis austeníticos.

Alguns dos aços inoxidáveis ferríticos e martensíticos mais comuns

Tabela 6- Aços inoxidáveis martensíticos

Designação AISI	Composição Nominal (%)
405	$C \leq 0{,}08$; $Mn \leq 1$; $Si \leq 1$; $11{,}5 \leq Cr \leq 14{,}5$; $Ni \leq 0{,}6$; $0{,}1 \leq Al \leq 0{,}3$
410	$C \leq 0{,}08$; $Mn < 1$; $Si < 1$; $11{,}5 \leq Cr \leq 13{,}5$; $Ni \leq 0{,}75$
410S	$C \leq 0{,}08$; $Mn < 1$; $Si < 1$; $11{,}5 \leq Cr \leq 13{,}5$; $Ni < 0{,}6$
430	$C < 0{,}12$; $Mn < 1$; $Si < 1$; $16 \leq Cr \leq 18$; $Ni < 0{,}75$
446	$C < 0{,}20$; $Mn < 1{,}5$; $Si < 1$; $23 \leq Cr \leq 30$

AÇO DUPLEX E SUPERDUPLEX

Aços inoxidáveis Duplex são ligas Fe-Cr-Ni-Mo, que apresentam microestruturas bifásicas compostas por uma matriz ferrítica e pela fase austenítica precipitada com morfologia arredondada e alongada.

A diferença básica entre os aços Duplex e SuperDuplex consiste, basicamente nas concentrações de Cr, Ni, Mo e N.

Uma forma de quantificar empiricamente esta propriedade química é através da resistência equivalente à corrosão por pite ou PREN (*Pitting Resistance Equivalent Number*).

Assim, são considerados como aço Duplex, aqueles cujo PREN situa-se entre 35 e 40 e como aço SuperDuplex, aqueles cujo PREN for superior a 40.

$$PREN = \%Cr + [(3,3)* (\%Mo)] + [(16) * (\%N)]$$

Em relação a microestrutura, a concentração de ferrita deverá ser de 50%, com tolerância de +/- 5%.

A principal característica destes aços é a sua excelente resistência à corrosão, quando expostos em meios agressivos devido a sua capacidade em se passivar, e permanecer no estado passivo em diversos meios aos quais é submetido.

ALGUMAS PROPRIEDADES DOS AÇOS INOXIDÁVEIS

- Alta resistência à corrosão
- Resistência mecânica adequada
- Material inerte
- Facilidade de conformação
- Resistência a altas temperaturas
- Resistência a baixas temperaturas (abaixo de 0°C)
- Resistência às variações bruscas de temperatura

O processo de corrosão no ambiente da produção de petróleo, está muito relacionado com a presença de H2S, CO2 e a forma pela qual será desenvolvida a produção.

No estudo para o desenvolvimento da produção de um poço, consideramos um período de 20 anos, onde levamos em consideração se o poço será produtor, injetor ou produtor-injetor, se haverá a injeção de químicos, a possibilidade de injeção de vapor e o consequente aumento da acidez do fluído produzido, além, da temperatura do óleo.

Neste sentido, a escolha da metalurgia mais adequada a cada situação de desenvolvimento é fundamental.

Diagrama de Schaefller

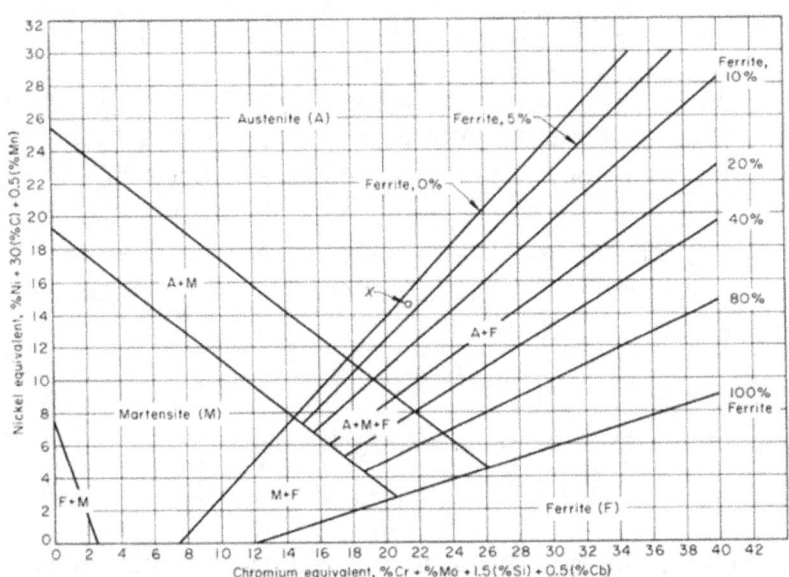

Assim, além das principais formas de corrosão, destacaremos a corrosão associada aos esforços mecânicos.

CORROSÃO SOB TENSÃO

Os aços estão sujeitos à corrosão quando submetidos a determinados níveis de tensão, e exposição a ambientes agressivos.

SSC – Sulfide Stress Cracking: Trinca do metal envolvendo corrosão e tensão (residual ou aplicada) na presença de água e H_2S

SCC – Stress Corrosion Cracking: Trinca do metal envolvendo processos anódicos de corrosão localizada e tensão (residual ou aplicada) na presença de água e H_2S

Corrosão sob fadiga – Corrosão em elementos que estão em meio corrosivos e estão sujeitos a ciclos de tensão devido a movimentos repetidos.

Corrosão-erosão – Processo corrosivo associado ao fluxo, contendo sólidos ou não.

Corrosão galvânica - Fenômeno que ocorre quando dois metais com diferentes potenciais estão em contato em um meio corrosivo. O metal com o menor potencial (menos nobre) agirá como um anodo, sendo preferencialmente corroído. A relação de área entre os materiais é muito importante, pois definirá a taxa de corrosão da área anódica.

Processos De Soldagem

Na fabricação de tubos o processo de soldagem por arco elétrico é o usual na indústria atualmente.

É um processo de soldagem por fusão, em que a fonte de calor é gerada por um aço elétrico formado entre um eletrodo e o objeto a ser soldado.

Fontes de Energia

Características das fontes de energia

- Transformar energia de alta tensão e baixa intensidade de corrente em energia caracterizada por baixa tensão e alta intensidade de corrente.
- Proporcionar corrente estável.
- Permitir regulagem de tensão e corrente

Tipos de fontes de Energia

- Transformadores
    - Fornecem corrente alternada - CA

- Transformadores-retificadores
    - Fornecem corrente contínua - CC

Polaridade
- Direta
  - A peça é o polo POSITIVO e o eletrodo o polo NEGATIVO

- Inversa
  - A peça é o polo NEGATIVO e o eletrodo o polo POSITIVO.

Geralmente usamos a soldagem em corrente contínua (CC), porque gera um arco mais estável e se ajusta melhor às condições de trabalho.

Os processos de soldagem mais comuns na construção mecânica são:

Soldagem por Eletrodo Revestido – SMAW
Soldagem por Arco Submerso – SAW
Tungsten Inert Gas – TIG
MIG/MAG – Metal Inert Gás / Metal Active Gás
FCAW – Flux Core Arc Welding
ERW – Eletric Resistance Welding

SOLDAGEM POR ELETRODO REVESTIDO

(SMAW – Shield Manual Arc Welding)

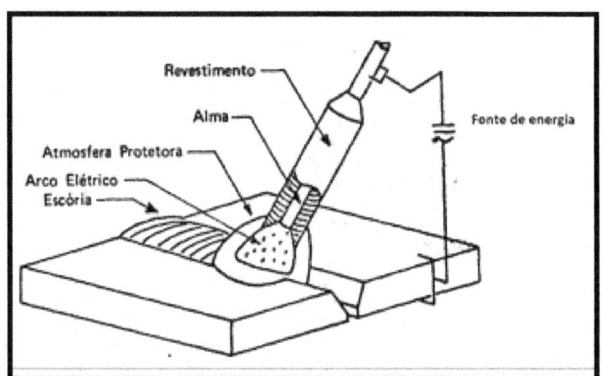

OPERAÇÃO : MANUAL

FONTE DE ENERGIA: Retificador, Transformador

CARACTERÍSTICAS:

    Taxa de deposição: 1 a 5 kg/h
    Espessuras soldadas: > 2mm
    Posições: Todas (depende do revestimento)
    Tipos de juntas: Todas
    Diluição: de 10 a 30%
    Faixa de corrente: 75 a 300 A

VANTAGENS

    Baixo custo;
    Versatilidade;

Operação em locais de difícil acesso;
Solda a maioria dos metais;
Todas as espessuras.

LIMITAÇÕES

Baixa taxa de deposição;

Necessidade de remoção de escória;

Requer habilidade do soldador.

SOLDAGEM POR ARCO SUBMERSO

(SAW – Submerged Arc Welding)

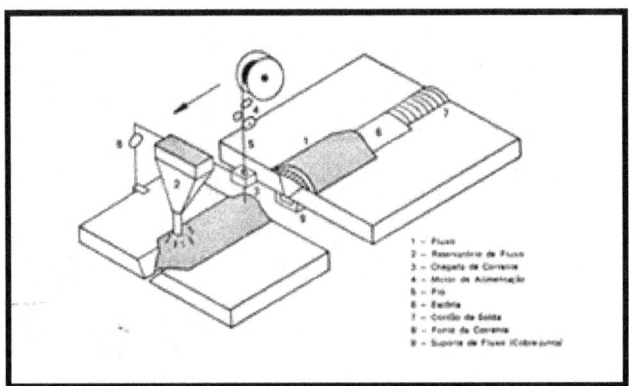

OPERAÇÃO: Automática

FONTE DE ENERGIA: Gerador, Retificador

CARACTERÍSTICAS:

    Alta taxa de deposição
    Espessuras soldadas > 5 mm
    Nr de arames: 1 ou mais
    Posição: Plana e Horizontal

VANTAGENS:

    - Taxa de deposição elevada;
    - Automatizado;
    - Bom acabamento;
    - Soldas com bom grau de compacidade;

- Alta qualidade de solda e revestimento.

LIMITAÇÕES

- Requer ajuste preciso das peças;

- Limitado p/ posições plana e horizontal;

- A tenacidade ao entalhe das soldas pode ser baixa.

SEGURANÇA:

Poucos problemas. O arco é encoberto pelo fluxo.

SOLDAGEM A ARAME TUBULAR

(FCAW – Flux Core Arc Welding)

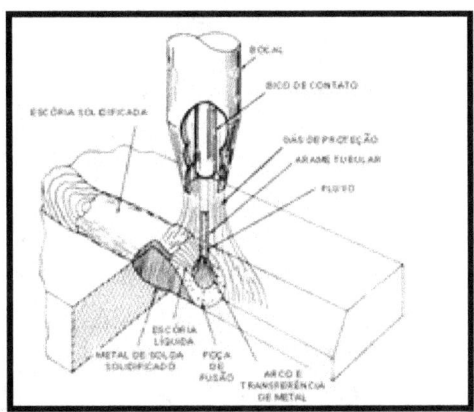

TIPO DE OPERAÇÃO: Manual ou Automática

EQUIPAMENTOS:

Retificador, gerador, transformador, pistola, cilindro de gás, unidade de alimentação de arame, unidade de deslocamento (automático).

CARACTERÍSTICAS
Taxa de deposição: 1 a 15 kg/h
Espessuras soldadas:
Curto-circuito – espessura até 0,5 mm
Aerosol Axial – espessura > 6 mm
Posições: Todas
Tipos de juntas: Todas
Diluição: 10 a 30%
Faixa de corrente: 60 a 500[a]

VANTAGENS:
    Elevada taxa de fusão;
    Alta taxa de deposição;
    Poucas operações de acabamento; não necessita remoção de escoria;
    Baixo teor de hidrogênio combinado com alta energia.

LIMITAÇÕES:
    Limitado à posição plana, exceto na transferência por curto-circuito ou por arco pulsante;
    Risco de ocorrência de falta de fusão;
    Equipamento caro;
    Inacessibilidade a certos chanfros;
    Gases caros.

SEGURANÇA:

Grande emissão de radiação ultravioleta e projeções metálicas.

SOLDAGEM TIG

(GTAW – Gas Tungsten Arc Welding)

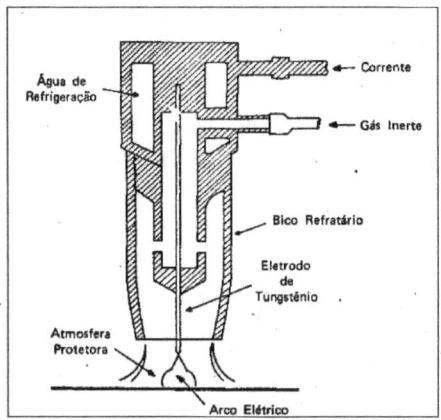

TIPO DE OPERAÇÃO: Manual ou Automática

EQUIPAMENTOS:
  Retificador, gerador, transformador, pistola.
  - Silo fluxo – Aspirador
  Cilindros de gases – equipamentos de deslocamento automático.

CARACTERÍSTICAS:
  Taxa de deposição: 0,2 a 1,3 kg/h
  Espessuras soldadas: 0,1 mm a 50 mm
  Posições: Todas.
  Tipos de juntas: Todas.
  Diluição:
    Com Metal de Adição = 2 a 20%
    Sem Metal de Adição = 100%
  Faixa de corrente: 10 a 400 A

VANTAGENS:
    Pequena ZTA (Zona Termicamente Afetada);
    Produz as soldas de melhor qualidade;
    Solda a maioria dos metais;
    Solda peça fina 0,1mm a 50 mm;
    Não tem formação de escoria, salpicos e vapores nocivos.

LIMITAÇÕES:
    Baixa taxa de deposição;
    Requer soldadores muito bem treinados;
    Alto custo de equipamento;
    Exige limpeza bastante rigorosa.

SEGURANÇA:
    Emissão intensa de radiação ultravioleta.

SOLDAGEM MIG/MAG

(GMAW – Gas Metal Arc Welding)

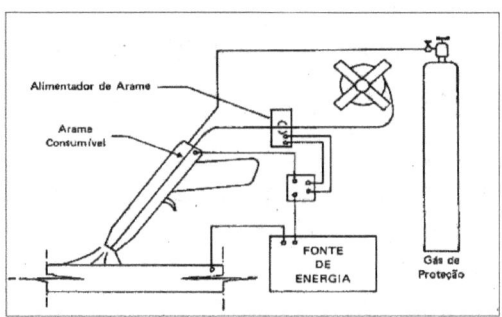

TIPO DE OPERAÇÃO: Manual ou Automática

EQUIPAMENTOS:

Retificador, gerador, transformador, pistola, cilindro de gás, unidade de alimentação de arame, unidade de deslocamento (automático).

CARACTERÍSTICAS:
    Taxa de deposição: 1 a 15 kg/h
    Espessuras soldadas:
    Curto-circuito 0,5 mm
    Pulverização Axial   6 mm
    Posições: Todas
    Tipos de juntas: Todas
    Faixa de corrente: 60 a 500ª

VANTAGENS:

Elevada taxa de fusão;
Alta taxa de deposição;
Poucas operações de acabamento; não necessita remoção de escoria.

- Baixo teor de hidrogênio combinado com alta energia. - Poucas operações de acabamento; não necessita remoção de escoria.

LIMITAÇÕES:

Limitado à posição plana, exceto na transferência por curto-circuito ou por arco pulsante;
Risco de ocorrência de falta de fusão.
Equipamento caro;
Inacessibilidade a certos chanfros;
Gases caros.

Tabelas

Fatores de Conversão e Tabelas

	De	Para	Multiplicar por
Comprimento	Milímetro (mm)	polegada (pol)	2,5400
	metro (m)	pé (ft)	0,3048
	metro (m)	jarda (jr)	0,9144
	quilometro (km)	milha	1,6090
Área	milímetro quadrado (mm^2)	polegada quadrada (pol^2)	645,2000
	centímetro quadrado (cm^2)	polegada quadrada (pol^2)	6,4500
	metro quadrado (m^2)	pé quadrado (ft^2)	0,0929
	metro quadrado (m2)	jarda quadrada (jr^2)	0,8361
Volume	metro cúbico (m^3)	litro (l)	1.000,000
	metro cúbico (m^3)	pé cúbico (ft^3)	0,0283
	litro (l)	galão (gl)	3,7854
Massa	Quilograma (kg)	Libra (lb)	0,4536
Força	Newton (N)	Quilograma-força (kgf)	9,807
	Newton (N)	Libra-força (lbf)	4,448
Torque	Newton.metro (N.m)	Libra-força.polegada (lb)	8,85
	Newton.metro (N.m)	Libra força.pé (ft.lbf)	0,74
Pressão	Kgf / cm2	lbf/pol2 (psi)	0,0703
	kilo Pascal (kPa)	lbf/pol2 (psi)	0,15
	kilo Pascal (kPa)	Kgf/cm2	0,01
Potência	quilowatt (kw)	Horse Power (HP)	1,34
	Watt (W)	Joule/segundo (J/s)	1,00

Pressão – Conversão de Medidas

De / Para	Kgf/cm2	PSI	BAR	M Pa
Kgf/cm2	1,00	14,22	0,98	0,10
PSI	0,07	1,00	0,07	0,01
BAR	1,02	14,50	1,00	0,01
M Pa	10,20	145,04	10,00	1,00

Bibliografia

Fundamentos de Caldeiraria e Tubulação Industrial.
Lima, Vinicius Rabello de Abreu
3ª Edição
Ed Ciência Moderna

ESAB – Apostilas disponibilizadas no sítio na Internet.

JFE STEEL CORPORATION – JFETiger Premium Connection Brochure

ISO13679 - Petroleum and natural gas industries — Procedures for testing casing and tubing connections

API 5B - *Specification for Threading, Gauging and Thread Inspection of Casing, Tubing and Line Pipe Threads*

API 5CT – *Specification for Casing and Tubing*

Hunting Technical Information – SEAL-LOCK APEX

www.ingramcontent.com/pod-product-compliance
Lightning Source LLC
Chambersburg PA
CBHW060847220526
45466CB00003B/1278